心理学与生活

广受欢迎的心理学课程

李金水◎著

江西美术出版社
JIANGXI FINE ARTS PUBLISHING HOUSE

图书在版编目（CIP）数据

心理学与生活 / 李金水著 . -- 南昌 : 江西美术出版社 , 2017.7
ISBN 978-7-5480-5477-1

Ⅰ . ①心… Ⅱ . ①李… Ⅲ . ①心理学 - 通俗读物
Ⅳ . ① B84-49

中国版本图书馆 CIP 数据核字（2017）第 102459 号

出 品 人：汤 华
企　　划：江西美术出版社北京分社（北京江美长风文化传播有限公司）
策　　划：北京兴盛乐书刊发行有限责任公司
责任编辑：王国栋　陈漫兮　楚天顺　陈　东
版式设计：曹　敏
责任印制：谭　勋

心理学与生活

作　　者：李金水

出　　版：江西美术出版社
社　　址：南昌市子安路 66 号江美大厦
网　　址：http：//www.jxfinearts.com
电子信箱：jxms@jxfinearts.com
电　　话：010-82293750　　0791-86566124
邮　　编：330025
经　　销：全国新华书店
印　　刷：保定市西城胶印有限公司
版　　次：2017 年 7 月第 1 版
印　　次：2017 年 7 月第 1 次印刷
开　　本：880mm × 1280mm　1/32
印　　张：7
I S B N：978-7-5480-5477-1
定　　价：26.80 元

前言 Preface

今天，社会上有关心理热点的话题总能吸引人们的眼球，并迅速被传播；各式各样的心理测试永远激发着人们的好奇心，一些非正常的心理现象和行为怪癖总能成为人们的谈资笑料。因心理危机而引发的自杀、抑郁、变态等事件，在引发无数人的声声叹息之后更多的是人们对行为本身的反思和迷茫。

心理学为什么有着如此大的吸引力和如此深远的影响力？心理学究竟潜藏着一种什么样的秘密和规律？古今心理学研究学者们用实验告诉我们，事实上以上所述这些并非完全科学意义上的心理学。娱乐并不是心理学的主题，掌握科学的心理学应用之道并用来指导我们的生活和工作，解决人生中的难题，做到认识自我，培养健全的人格和良好的心态，才是心理学的目的。

心理学本质上是一门帮助人们正确处理认知与行为、自身与环境、工作与人际关系等问题的实践科学。1879年，心理学从哲学、神学、医学等其他学科中分离出来，正式成为一门真正独立的学科。

目前，心理学作为一门实践学科，已被世界各国的研究领域摆在了相当重要的位置上，并已经渗透到了政治、经济、军事、疾病康复、日常生活等方方面面，成为强有力的研究工具。在欧美国家的大小书店里，有很多心理学方面的手册出售，这些为非专业人士准备的小册子从如何理解人的心理入手，深入浅出地讲解了与社会现象、组织运营、人际关系、自我情绪控制等相关的心理学知识，几乎涉及了生活的所有层面。

如今，与日常生活关系密切的心理学现象的研究以及心理学常识的推广普及，越来越受到人们的重视，一些心理学热点话题越来越为人们所津津乐道。可以说，心理学无处不在，人们对心理学的探讨兴趣越来越浓厚。为此，我们也乐于与读者一起走进心理学世界，去探索其中的奥妙，为心理学知识的传播做出力所能及的贡献。

《心理学与生活》用通俗的语言向大家阐述了我们身边的心理学，这些心理学与我们的生活工作、为人处世密切相关，不但包括心理奥秘、人性特点、人格特征、行为方式等，还为读者提供了正确观察事物、思考问题、认识自我的方法。

全书内容包罗万象，丰富多样，语言角度平实，叙述生动，浓缩精华，方法实用。读者从阅读本书的过程中，可以体验心理学常识的奥秘和趣味，摆脱了对心理学心存的敬畏感，真正地感受心理学带给我们的多方面的应用价值。同时，本书侧重从实用性出发，帮助读者朋友掌握心理学的本质规律，运用心理学技巧，来认识和解决生活中的行为现象和问题，运用心理学知识和力量增强人际关系，提升工作业绩，疗愈身心健康。真诚地盼望本书能带给每一个人幸福美满、和谐圆通的人生！

目录
Contents

PART 1 心理学知识扫盲贴

PART 2 非正常人类研究所

PART 1

心理学知识扫盲贴

有人的地方，就有心理学。爬山要懂山性，游泳要懂水性，成功要懂人性。人心不同，各如其面。每个人都有独特的性格或个性，但人性又是共通的，只要学会心理学，懂得人们的心理规律，再善加运用，定可秒懂他人，诸事顺心。

心理学就是心理咨询吗?

心理学最为广泛的应用是心理咨询或心理治疗，较之其他心理学知识更为大家所熟知，所以很多人将心理咨询等同于心理学。

心理咨询只是心理学的一个应用分支。心理咨询的目的，是心理医生为了帮助人们认识和应对生活中的各种困扰，使人们更幸福地生活下去。

心理咨询的对象可能是一个人，也可能是一对夫妇、一个家庭或一个群体。

在美、英、日、德法等国家，人们的工作、生活压力较重，因此心理咨询机构繁多。如美国的心理咨询机构，经常为人们所称道。当在工作、生活中面临巨大的压力时，就可以到自己的心理医生那里去宣泄，比如心理医生提供办公室和家庭设施，随便让顾客进行摔、砸等破坏行为以充分发泄。当然顾客必须支付价格不等的咨询费用。

心理学就是解梦析梦吗?

这种误解的产生同样和弗洛伊德分不开。对于多数了解心理学的人来说，解梦是弗洛伊德的理论中最吸引人的部分。这是因为人们总是喜欢挖掘自己和别人内心深处的秘密，而梦被当作是透视内心世界的一扇天窗。

由于弗洛伊德的“代表性”，许多人把弗洛伊德的理论等同于梦的分析，进而使解梦成为心理学的代名词。

心理学家只研究变态的人？

很多人对心理学抱有这样的看法：去找心理咨询师的人都是“心理有问题”的人，而有问题就是变态；心理学家只研究变态的人；与心理学有干系的非专业人士都是变态的。这些看法可以解释为什么很多人在决定进行心理咨询时需要很大勇气和进行激烈的思想斗争。为什么会对心理学和心理学家有这样的偏见呢？一方面，这与我们的人文传统有关。中国人比较顾及面子，认为有了心理困扰是不光彩的事，倾向于自己解决。如果大摇大摆地去咨询心理，就会被人说成是精神病了。另一方面，和媒体的误导有关。为了谋求利润，媒体会抓住人们的猎奇心理，在表现与心理学有关的题材时，喜欢选择和炒作心理变态。从电视、电影、报纸和杂志上接触心理学的，很难逃出这种误导。

人们也常常把心理学家和精神病学家混在一起。精神病学是医学的一个分支，精神病学家是医生。他们的工作对象是心理失常的人，即所谓“变态”的人，主要从事精神疾病和心理问题的治疗。和其他医生一样，精神病学家在治疗精神疾病时使用药物；与此不同，尽管临床心理学家也关注精神病人，但他们不能使用药物进行治疗。要知道，大多数心理学研究都是针对正常人的，如儿童情绪的发展、性别差异、智力、老年人心理和跨文化的比较等等，都是心理学研究的内容。

心理学家真懂读心术？

“你是学心理学的，那么你说说我正在想什么。”当周围人得知某位学生是学心理专业的时候，会马上好奇地发出这样的问题。人们总是以为心理学家和算命先生差不多，应该能透视眼前人的内心活动。其实这是一种误解。

心理活动具有广泛的含义，包括人的感觉、知觉、记忆、思维、情绪和意志等，并非只是人在某种情境下的所思所想。心理学家所做的就是要探索这些心理活动的规律——它们如何产生、发展？受哪些因素影响？相互间有什么联系？等等。心理学家通常是根据人的情绪表现和外在行为等来研究人的心理。也许他们可以根据你的外在特征或测验结果来推测你的内部心理特征，但除非具有超感知能力，否则再厉害的心理学家也不可能会所谓的“读心术”——一眼就能看穿你的内心世界。

心理学家都会催眠吗？

催眠术源自18世纪的麦斯麦术。19世纪，英国医生布雷德研究得出结论，让患者凝视发光物体会诱导其进入催眠状态。他认为麦斯麦术所引起的昏睡是神经性睡眠，因此另创了“催眠术”一词。但催眠的内在机制至今尚未完全搞清楚。催眠术的方法多种多样，但最常用的方法是：要求人彻底放松，把注意力固定在诸如晃动的钟摆和闪烁的灯光等某个小东西上，引导人们将注意力集中在想象中的星空等，然后诱发出昏睡状态。催眠前要先测定被催眠者的暗示性，暗示性高的人容易被催眠，能进入深度睡眠状态，此类人的催眠治疗效果较好。在催眠状态下，人会按照治疗师的暗示行事，可能会有不良副作用，因此应该由经验丰富的催眠师来实施。

催眠术并非所有心理学家必会的“招牌本领”，它只是精神分析心理学家在心理治疗中使用的方法之一。实际上，大多数心理学家的工作是不涉及催眠术的，他们更倾向于运用实验和行为观察等更为严谨的科学研究方法。

谁是心灵深处的探索者?

西格蒙德·弗洛伊德出生在奥地利帝国摩拉维亚（今捷克）弗莱堡一个犹太商人家庭。他母亲共生了3个儿子和5个女儿，他是长子，但还有一个同父异母的哥哥。或许是童年的艰辛生活让他有焦虑感，又或许是他早年就立志刻苦用功，所以他并没有像父亲那样成为小商小贩，而是于1873年考上了维也纳大学医学院。在学医的中途，他并没感到医学对他的吸引，而是受到生理学教授布吕克的影响，全心投入到布吕克的生理研究院。就这样一边学习医学，一边在研究院里学习，1881年他拿到了维也纳大学的硕士学位。其间，他认识了妹妹的朋友、后来的未婚妻玛莎。

为了开办私人诊所，他投身于维也纳通用学院，学习神经科学，成为脑损伤与脑疾病专家。1886年他个人开业治疗神经病，同时致力于生理学的研究，并于当年娶了玛莎。其实他独特的职业生涯，源于与医生布洛伊尔的合作。他曾帮助布洛伊尔治疗一位患有歇斯底里症的女子安娜，利用催眠，用宣泄恢复痛苦记忆而治愈。他还与布洛伊尔合作，于1895年发表了一部划时代的著作《关于歇斯底里症的研究》。

后来，他逐渐开展心理分析的研究，放弃催眠术而改用自由联想法以及自我分析法，创造了用精神分析来治疗精神病的方法。他还发展和普及了一些心理学学说，如有关焦虑、阻抗、移情、压抑、投射、升华等等。他的著作《梦的解析》用作心理分析与无意识研究，极大地引起了人们对心理学的兴趣，他的许多观点在过去和现在都存在很大争论，既受到尊崇也遭遇诋毁。他虽然不是心理学的鼻祖，但他显然是在现代心理学发展中最有影响、最重要的人物。晚年他患有颌癌，曾先后做过30多次手术。1938年纳粹分子占领奥地利，由于弗洛伊德是犹太人，82岁高龄的他不得不搬到英国伦敦，1939年在那里因癌症去世。

什么样的年龄是心理年龄？

每个人都有三种年龄：实际年龄、生理年龄和心理年龄。实际年龄是指人们的自然年龄。生理年龄是指人生理发育成长所呈现出来的年龄特点，与实际年龄往往有差别。

例如，如果人营养不良，那么其生理发育就迟缓，将导致生理年龄小于实际年龄。

心理年龄是指人的整体心理状况所呈现出的年龄特征，与实际年龄也不完全一致。人的一生可以分为八个心理年龄期：胎儿期、乳儿期、幼儿期、学龄期、青少年期、青年期、中年期、老年期。人在不同的心理年龄期具有不同的心理特点。比如人在幼儿期天真活泼；青少年期自我意识增强，身心飞跃突变，心理活动往往动荡剧烈；到了心理老年期，心理倾向成熟稳定、老成持重，但身心功能弹性降低，情感容易变得忧郁。

心理特点符合心理年龄，主要有两方面的标准：实际年龄应当与心理年龄、生理年龄相符；在不同心理发育期应表现出相应的心理特征。

看心理医生是丢人的事情吗？

很多人觉得去看心理医生是很难为情的事情，认为看心理医生的人都是心理变态。这是很大的误解。人们对心理咨询的了解还不够，这可能是造成这种误解的原因之一。另外，许多人对心理咨询不信任，认为是骗人的东西。这也是误解。正如哈佛大学博士岳晓东所说的："心理咨询是一种享受而不是痛苦，是明智的选择而不是愚蠢的做法。"

你可以做自己的心理医生吗?

一般的心理问题都可以自我调节，每个人都可以用多种形式自我放松，缓和自身的心理压力和排解心理障碍。面对“心病”，关键是你如何去认识它，并以正确的心态去对待它。提高自己的心理素质，学会自我心理调节，学会心理适应，学会自助，每个人都可以在心理疾患发展的某些阶段成为自己的“心理医生”。

合理安排生活，培养多种兴趣。人在无所事事的时候常会胡思乱想，所以要合理地安排工作与生活。适度安排紧张有序的工作可以避免心理上滋生失落感，令生活更加充实，而充实的生活可改善人的抑郁心理。同时，要培养多种兴趣。爱好广泛者总觉得时间不够用，生活丰富多彩就能驱散不健康的情绪，并可增强生命的活力，令人生更有意义。

寻找情绪体验的机会。一是多想想你所从事的事业，时时不忘创新，做出新的成绩，跃上新的台阶；二是要关心他人，与亲朋、同事同甘共苦，无论悲欢离合，都是对心理的撼动，它会使人头脑清醒，心胸开阔；三是多参加公益活动，乐善好施，为子孙造福。最好学会一门艺术，无论是唱歌弹琴、写作绘画，还是集邮藏币，都会使你进入一种新的境界，产生新的追求，在你的爱好之中寻找乐趣。

保持心理宁静。面对大量的信息不要紧张不安、焦急烦躁、手足无措，保持心情宁静，学会运用现代科学信息的方法，提高应变能力。最后，要尽量多地设想出获取它们的可行途径，并选择一个最佳方案行动，从而既能减轻个人的心理负担，又能收到事半功倍之效。

人为什么会产生心理障碍?

产生心理障碍的原因非常复杂，包括生物性因素、心理因素和社会因素等，并且互相影响、互为因果。

生物性因素。包括人体疾病、遗传素质、生化改变和药物影响等。大量科学证据表明，脑病变与神经生理过程失调可引起精神障碍，发生变态行为。感染、中毒、代谢障碍能导致脑代谢障碍，也是心理异常发生的重要原因。另外，心理障碍具有一定的遗传性。例如，先天愚型为遗传因素所决定；在躁狂抑郁症患者家族中有较多的同类患者；等等。但通常认为，遗传因素只是形成了易患素质，只有扣动了社会应激这个“扳机”，心理障碍才会显现出来。

心理因素。心理障碍者通常有某种隐蔽的心理冲突或精神创伤，在催眠的状态下可再现痛苦的根源，这说明心理因素是心理障碍的成因之一。这些心理因素包括：各种消极的动机冲突造成的心理矛盾；持久、过度的紧张状态造成的神经系统功能失调；不良的性格特征如自私、消沉、任性、固执、孤独、抑郁等造成整个性格类型的病态；等等。

社会因素。社会因素包括政治经济、文化教育、伦理道德、风俗习惯、宗教、生态环境、家庭、人际关系等诸多方面。社会迅速发展，物质文明和科学技术不断进步，人们的欲求不断增加，人际关系日益广泛和复杂，对人们的社会适应能力也提出了更高的要求。但生活节奏快、环境污染重、交通拥塞、竞争激烈、住房困难等，这些都容易使人产生焦虑、紧张的情绪，进而引发心理障碍。心理障碍与宗教、社会文化也有关系。比如，阿拉伯国家和欧美国家的心理障碍者，其心理障碍的内容和形式不同。另外，心理障碍与性别也有关系。如女性的更年期心理障碍较男性为多，这是既有生理改变又有社会因素影响之故。

PART 2

非正常人类研究所

有病不可怕，可怕的是不知道自己有病，心理疾病尤其如此。你是否每天郁郁寡欢，无所适从？你是否经常无意识重复同一行为？你是否总是认为自己身体有问题？你有没有发现身边的他总是真诚地说着一个又一个谎言？你有没有发现原本熟悉的世界突然间变得无比陌生？……如果这些答案是肯定的，说明你身处危机边缘，请迅速就医！

为什么有的人故意伤害自己?

有一些人在遇到挫折打击的时候会选择自伤，比如用尖刀划伤自己、用头撞墙、用烟头烫、不吃饭、不睡觉、用针扎，或者以其他的方式伤害自己，这些都属于自伤行为。

自伤行为一般持续多年，可多次发生自伤行为，方式呈多样化，但致死性低，大多伴有情绪焦虑或不稳定。具体来说，言语中有意无意表现出想死的念头，或谈话内容常以“死亡”为主题；情绪不稳定，多数伴有憎恨自己，感到沮丧，有被抛弃感，或者抑郁、愤怒等。绝望、焦虑、愤怒及认识狭隘是主要的心理状况；实施自伤时的故意性。也就是说，个体对所采取的自伤行为应该是有意识的，而非在自动的、无意识的情况下发生的；自伤直接造成对身体的伤害，并非像抽烟、酗酒一样过段时期才表现出来；自伤损害的程度有限，且具有重复性。应对身体造成轻微或中度的伤害，而重大、致命性的伤害应排除在外，如挖眼；无自杀动机，不是要造成自己死亡的严重后果。虽然自伤的个体偶尔也会出现自杀意念，但他们还是能够清楚地意识到自我伤害行为不同于自杀。

自伤是自我发泄比较极端的一种方式，用自身的痛苦来麻痹外界带来的痛苦。它甚至是一种想活下去的呐喊。希望自己借由这些方法，摆脱纠缠不去的不愉快感觉。自伤的危害是非常大的。同时，在心理上的影响也是非常大的。它会造成自伤者的一种依赖心理。当遇到痛苦的时候，会依赖于用自身的痛苦来抵御外界的痛苦。

自伤者多认为自己是无能的，自认为有缺陷或是能力不足，他们觉得情感上没有人可以依赖或信任，给人的印象总是紧张害怕。而为了缓和持续不断的紧张害怕，自伤者经常背负着深沉的愧疚感，怕别人视自己为危险人物或极度厌恶自己，这些害怕带来经常且毫无根据的愧疚感。此外，自伤者对情绪的痛苦是极端敏感的，他们无法信赖别人，宁可选择自己来掌控体验伤痛的过程，以及伤痛之后留下的麻木感。疼痛与自我伤害就是为了产生宽慰与安全感。

为什么有的人会整晚睡不着?

睡眠是人生的不解之谜，也是人生的快乐所在。我们难以睡眠时数的长短，决定一个人的睡眠够不够。因一天中所需的睡眠时数因人而异，有人一天只睡四五个小时就够了，但却有人一定要睡上十个小时，才觉得有饱足感。更多时候我们认为，失眠是一种症状，而不是一种疾病，就像是发烧或腹痛一样，只是一种疾病的象征，必须找出潜在的病因加以治疗，不应只是治疗失眠的症状而已。

失眠症表现为入睡困难、睡梦过多、睡眠浅、易醒、睡眠时间过少等。失眠症依病程时间的长短分为短暂性失眠（短于1星期）、短期性失眠（1~3星期）及长期性失眠（长于3星期）。短暂性失眠，几乎每个人都有经验，当你遇到重大的压力、情绪上的激动，都可能会造成你当天晚上有失眠的困扰。短期性失眠的病因和短暂性失眠有所重叠，只是时间较长，往往需要数星期。长期性失眠，是患者至失眠门诊求诊中，最常遇到的疾病类型，其病史有些达数年或数十年，必须找出其潜在病因，才有痊愈的希望。

最容易出问题的地方在于不规则的睡眠模式、工作或学习得很晚、白天经常睡觉，或者睡得过多，早晨起得又太晚。容易出问题的睡眠会导致社会、职业、生理或者心理压力。失眠倾向于恶化，因为不利的影响会在你睡眠时反复出现在你的脑海里。你很担心睡不着，结果就更难以入睡。你越是努力入睡，越是难以使担心远离你。如果你白天所处理或该面对的事没有处理好，甚至带给你颇多的困扰，当累积到一定的程度后，你的思绪仍会持续到睡眠的时候，最后可能导致失眠的产生。失眠的困扰一旦来临，代表着心理困扰已超越了能容纳的临界点，此时势必要对引起我们困扰的事物加以处理，勿使失眠的情况恶化。

为什么有的人真想睡得死过去?

睡眠是人体不可缺少的生理需求，而白天嗜睡也像饥饿、口渴一样，整日总是想睡觉，无论在开车、在吃饭、在讲电话或在会议中都可以睡着，这就提示我们睡眠不足或存在了嗜睡症状。嗜睡不同于全身疲倦、无精打采或缺乏动力，它们的根本区别在于是否会在不适当的场合中睡着。不分时间、地点犯困，哈欠连天，倒身便睡。

嗜睡症指白天睡眠过多。不是由于睡眠不足、药物、酒精、躯体疾病所致，也不是某种精神障碍（如神经衰弱、抑郁症）症状的一部分。多在青春期以后起病，发作年龄一般在15～25岁之间。除了爱睡觉的特点，猝倒是嗜睡最特异的症状，情绪激动、焦虑、恐惧等可诱发猝倒，如打麻将和牌、游戏时，在特别兴奋的一瞬间，虽然意识清醒，但支配不了自己而突然瘫倒在地。

睡瘫也是嗜睡常见症状，在睡醒后或入睡时发生，当事人意识虽然清醒，但全身无力，动弹不了，不能说话，一般数秒钟至数分钟后会恢复正常。

嗜睡症表现为似睡非睡，对弱刺激有反应，能叫醒并做简短应答，但不久又入睡；昏睡表现为对强刺激始有反应，但不能应答。

虽然睡意浓浓在现代社会是一种常见病，但关于嗜睡症目前尚未见器质性病因，一般认为与心理因素有关。有些是病人白天心情不愉快，或在不恰当的时间入睡造成夜间睡眠过度延长。有的是由于睡眠和觉醒的节律与本人所处环境要求不一致所造成。应注意的是这种障碍可能是抑郁症的一个症状。治疗首先要尽可能地找出原因，有针对性地治疗。

为什么有的事明知无用还去做？

生活中常见这样的现象：有的人一看见黑纱，便联想到死亡或即将大难临头，心情非常紧张；或是反复回忆曾经做过的无关紧要的事，虽明知无任何意义，却不能克制，非反复回忆不可；还有一种情况，就是对自己的行动是否正确，产生不必要的疑虑，要反复核实。如出门后疑虑门窗是否确实关好，反复数次回去检查，不然则感焦虑不安。还有的人反复深究自然现象或日常生活事件发生的原因，如世界为什么存在、树木为什么向上生长等。他们明知思考这些问题毫无必要，但又控制不住自己要去思考；还有些人，每当接触到某些概念和词句，就会联想到和它相近或相反的概念，从而感到苦恼和紧张。如想到“拥护”，立即出现“反对”；说到“好人”时立即想到“坏蛋”等。上述这些人，就是持有强迫观念，典型特征是某种联想、观念、回忆或疑虑等顽固地反复出现，难以控制。例如，反复联想一系列不幸事件会发生，虽明知不可能，却不能克制，并激起情绪紧张和恐惧。

所谓强迫意向及行为，是指有些人常为某种与正常相反的意向所纠缠。例如，走到河边或井边，老想往下跳，但又害怕真的会跳下去。有的患者有强迫行为，如书写后反复检查是否写错字。有的患者常怀疑自己的手或衣服被玷污了，虽然反复洗了几次，仍不放心。有的患者每当见到电线杆、台阶、柱子等，便不由自主地依次点数，明知毫无必要，但不数他就会感到不安，甚至漏掉了又得从头数起。有的患者常重复某种动作，以解除内心的不安，如一个胳膊碰椅子，另一个胳膊也一定要碰一下椅子；进门一定要左脚先迈，否则要退回去再走一遍。

关于强迫症的发病原因，至今仍没有一个定论，病因未明。一般认为，遗传因素、强迫性性格特征及心理社会因素均在强迫症发病中起作用。

为什么有的人会疯狂地购物?

贪购症是一种个人心理的不正常状态。患贪购症的人对商品有一种病态的占有欲，面对琳琅满目的商品，经常会不假思索地掏腰包大肆购买，购买的同时会有占有的满足与快感。如果患者硬是控制自己的欲望而不去购买，就会出现心理上的焦虑不安、身体上周身不适，而且，在勉强控制一次的情况下，只会使下一次购物更疯狂。但当理智占上风时，后悔和苦恼必然伴随而来。那些购物上瘾形成习惯而又苦于不能自拔的人，通常也被称为购物狂。他们总是在家中堆积自己用不上的所谓在商场上的战利品，或因买不起自己想要的东西而失眠，甚至可能把人生的成就感建筑在购物的行为上。如此周而复始，自然影响心情与工作。虽然目前无论是在医学上还是在心理学上都暂未能具体界定，达至何种程度才算购物狂，不过此种俗称“购物狂”的病态消费模式，可能转化成为一种“瘾”，也就是贪购症，并最终一发不可收拾。

心理学说，许多人有压力时总会通过购物或者是大吃大喝来消除压力。不过，当你发现自己有疯狂恋物血拼的状况时，可千万别大意。这时候，你要先尝试问自己一些问题，比如“我在躲避什么”等等。

为什么会上网成瘾?

“上网成瘾症”是一种过度使用互联网行为的心理疾病，它使人对网络产生较强的依赖性而成瘾，在心理和生理的某种尝试行为中产生了愉悦反应，这种反应的多次重复，就形成了人对愉悦刺激的依赖。正如饮酒、抽烟、赌博、吸毒等一般，离开它就无法正常生活，否则会有一系列强烈的生理心理反应。成瘾者往往感觉现实生活没有意义，只有在瘾被满足的时候才有精神。

“上网成瘾症”的表现是多种多样的，一般症状主要有：上网时间长，而且控制不住时间；上网时精神极度亢奋并乐此不疲，而下网后则有烦躁不安、情绪波动等现象；上网的行为常常不能自制，宁可荒废学业或事业甚至抛弃家庭，也要与电脑为伴；工作和学习积极性较差，沉醉和崇尚虚幻的网络世界，对现实生活缺乏起码的热情；严重者有自虐行为，上网期间不吃不喝不睡，有的因沉迷网上的不健康内容而导致疾病。

网络成瘾虽然不会危及我们的生命，但长时间上网必然影响我们的健康，造成视力下降、肩背肌肉劳损、睡眠剥夺以及免疫功能变弱，严重影响了学习、工作和家庭生活。

为什么会成为手机控?

26岁的张璇是一家对外贸易公司的公关部经理。因为工作关系，她有时半夜也要为客户接机或随时安排应酬，手机24小时开着，使用频率非常高。“手机电池本来能用3天，可我每天得换一次，我把全身心都奉献给了工作，不断打进打出的电话让我感觉生活很充实。”她说。

忙了一段时间后，最近业务量骤减，张璇的电话寥寥，原来暗自庆幸能睡个安稳觉的她却感到极不适应，反倒开始失眠、坐立不安。在别人的手机铃声响起时，她会条件反射地拿起自己的手机。有时候半夜也好像听到手机铃声被惊醒，反反复复，睡不好觉。最后实在没有办法忍受，只好去找心理诊所的李医生。李医生在了解了她的情况后，认为张璇患上了“手机依赖症”。

避免成为手机控，最需要调整心态。积极与人交谈，多读书、看报，通过自我约束逐渐减少对手机上网的依赖性，尽量将生活的重心转移到现实中来。多参加一些有益身心的活动，如听音乐、外出散步、郊游、健身等。如果上瘾症过于严重，就要去看心理医生。

为什么会出现手机幻听症?

在医院的心理门诊，不时会听到有心理病人这样对心理医生说：“我平时把手机放到包里，每天隔不了多一会儿就仿佛听见手机响起，取出手机一看却根本没有任何电话。现在我总想把手机拿在手里，生怕漏掉重要的电话和短信。”

类似的情况正困扰着许多年轻的上班族，这样的病人已占心理科门诊的近三成。专家表示，这种“幻听”是由于工作压力造成的，偶尔出现并不影响人们的健康和生活，但如果这样的情况频繁出现就要小心了。

“手机幻听”的心理问题很大部分源于现代白领对高科技产品过分依赖所造成的“强迫症”。“幻听”现象多与职业有关，如销售、咨询、媒体等从业人员频繁使用通讯工具，往往在铃声一响时就得立即投入工作，这些人长期处于“待机”状态，强烈的心理暗示会诱发“幻听”。

尽管很多人会像拒绝电视、拒绝上网一样选择把手机“丢掉”一段时间，不过，“丢掉手机”问题的关键不在手机，而是存在于人们心中的压力。如果缓解或消化手机幻听症呢？心理医生建议："丢掉手机是自我保护的一种方式，即通过某些形式消除内心的紧张，因此最重要的是寻找到根本的压力源，然后'对症下药'。"另外，"可以向你身边的朋友或是咨询师倾诉，也可以参加一些与你工作完全没有关系的活动，比如说现在比较流行的陶吧、十字绣等，最重要的是让身心都安静下来"。

为什么有的人特别爱清洁？

爱清洁，本是一种良好的品格，因此名人们有"清洁仅次于圣洁"之说。但是，爱清洁爱得太过分，就是一种心理疾患了。心理医生们将爱清洁爱得太过分称之为"洁癖"。

所谓"洁癖"，是指在卫生方面极其讲究，尤其最注意双手的卫生，每天要洗十几遍甚至几十遍，每次要打三四遍肥皂，每接触过一件东西，就得把手洗一次，不然就痛苦万分，什么事情都做不了。洗手时，先是使劲搓手，然后是手臂、胳膊肘，甚至肩膀，直至皮肤都变得绯红才肯放心。从外面一回家动不动就要大洗一番，自己的房间不让家人随便乱坐，也不欢迎朋友来访。患者不仅注意自己的手，还关注周围的人，例如别人去厕所后忘了洗手，或从外面回来没有洗手，又碰了什么文件和用具，那他就对这些文件和用具特别紧张，不敢接触；和别人握手也很紧张；回到家里也不放松。时间一长，就严重影响工作和生活。自己也是明知道没有必要，可就是控制不住自己的行为。

像这样有"洁癖"的人在我们日常生活中是很多见的，他们整天都活得特别紧张。其生活目标就是讲究卫生，整天关注的就是病菌，而无暇顾及别的，没有什么业余爱好。

失恋男子为什么要报复女性?

在一些刑事案件中，一男子被前女友抛弃后，对前女友的仇恨便转变成了报复心理，频频报复那些素未谋面的陌生女子，对这些女子造成程度不同的身心伤害。按说“冤有头，债有主”，男子只是对前女友有恨，为什么要把恶气出在那些无辜的女子身上呢？在心理学中，男子的这种心理被解读为攻击性心理转移。

转移是指原先对某些对象的情感、欲望或态度，因某种原因（如不符合社会规范、具有危险性或不为自我意识所允许等）无法向其对象直接表现，而把它转移到一个较安全、较为大家所接受的对象身上，以减轻自己心理上的焦虑。比如，一个上班族因为在公司里受了客户和老板的气，回家后便对妻子和孩子无端指责，将怒火发在他们身上，这种行为便是转移的一种表现。人们除了转移负面的情绪和情感外，也会把自己的正面情绪和情感转移到其他客体上，有的父母经历了丧子的伤痛后，便对于孤儿院的孩子格外关爱，经常去看他们，为他们带去很多礼物，像对待自己的孩子一样对待那些孤儿，在这个过程中，便发生了正面情感的转移。

转移有很多种，有替代性对象（或目标）的转移、替代性方法的转移、情绪的转移等。

“转移”这种方法如果使用得当，有助于一个人从挫折和痛苦的经历中重新振作起来，但是如果发生了恶性转移，将对某个人的恨意转移到其他的无辜的人身上，则会造成极大的危害。社会上所爆发的一些暴力事件，有一部分便是由于发生恶性转移所造成，比如有的人因为经历失恋事件，便残害那些无辜的年轻女子，这种转移最终演变成极为恶劣的凶杀事件。

为什么有的人总觉得自己不行?

著名奥地利心理学家阿德勒认为：人类都有自卑感，以及对自卑感的克服与超越。当我们小的时候，看到别人长大而自卑；当我们大的时候，却发现别人比我们更有钱；当我们有钱的时候，看到别人比我们更年轻力壮，这些都会在我们心里产生自卑。

自卑就是自己轻视自己，看不起自己。自卑心理严重的人，并不一定就是他本人具有某种缺陷或者短处，而是不能悦意容纳自己，自惭形秽，常常把自己放在一个低人一等、不被自己喜欢，进而演绎成别人看不起的位置，并由此陷入不可自拔的境地。

自卑者的典型心理有：消极地看待问题、总是自怨自艾与自责、意志消沉、多疑、难以感到快乐、缺乏热情、不愿意改变。

为什么内心深处不相信任何人?

生活中我们常会碰到一些猜疑心很重的人，他们总觉得别人在背后说自己坏话，或给自己使坏。有时我们自己也喜欢猜疑，看到别人说笑，便以为他们在议论自己，心里就不痛快起来。喜欢猜疑的人特别注意留心外界和别人对自己的态度，对别人脱口而出的一句话很可能琢磨半天，努力发现其中的“潜台词”，这样便不能轻松自然地与人交往，久而久之不仅自己心情不好，也影响到人际关系。

猜疑心理是如何造成的呢?

一是心理不够健康。他们常常会歪曲地理解别人善意的、正常的言行。例如别人赞扬他，他会怀疑是在挖苦、讥讽他；别人批评他，他会怀疑是在攻击他；别人不理他，他又怀疑别人是在孤立他。狭窄的心胸使他（她）无法容纳别人对他的正确评价。

二是思想方法主观。戴上“有色眼镜”去观察人，用别人的举动来验证而不是修正自己的看法，因而常常歪曲事实，对别人产生怀疑。

三是缺乏自信。他们总要以别人的评价来作为衡量自己言行的是非标准，很在乎别人的说长道短。而当别人的态度不明朗时，他就往往要从不利于自己的方面去猜测、怀疑，自寻烦恼。

不管怎样，猜疑都是人际关系的大敌。它会破坏朋友间的友谊，疏远同学或同事间的关系，无端地挑起同学、同事和朋友间的矛盾纠纷，也很影响自己的情绪。生活在猜疑中的人，很容易郁郁寡欢，缺少内心宁静。

为什么喜欢在人面前炫耀自己？

虚荣心强的人喜欢在别人面前炫耀自己昔日的荣耀经历或今日的辉煌业绩。他们或夸夸其谈，肆意吹嘘，或哗众取宠，故弄玄虚，自己办不到的事偏说能办到，自己不懂的事偏要装懂，一切为了提高自己。虚荣心强的人喜欢炫耀有名有地位的亲朋好友，希图借助他人的荣光来弥补自己的不足，而对于那些无名无分、地位“卑微”的亲朋则避而不谈，甚至避之唯恐不及。

人为什么会产生虚荣心呢？这与人的需要有关。人类的需要有很多种，包括生理需要、安全需要、归属和爱的需要、尊重的需要、自我实现的需要等等。一个人的需要超过了自己的担负能力，就会想通过不适当的手段来达到自尊心的满足，这就产生了虚荣心。虚荣者在虚荣心的驱使下，往往只追求面子上的好看，不顾现实条件，最后造成危害。有时甚至产生犯罪动机，带来非常严重的后果。虚荣者的内心其实是空虚的。他们表面的虚荣与内心的空虚总是不断地斗争：没有满足虚荣心之前，因为自己不如他人的现状而痛苦；满足虚荣心之后，又唯恐自己真相败露而受折磨。虚荣者的心灵总是痛苦的，完全不会有幸福可言。虚荣心男女都有，但总的说来，女性的虚荣心比男性强。

有以下表现，说明有较强的虚荣心：喜欢谈论有名气的亲戚朋友或以同名人交往为荣；热衷时髦服装，为西方的流行货倾倒；行事购物喜摆阔；不懂装懂，海阔天空；热衷于追求一鸣惊人的成果；一知半解，夸夸其谈；好表现自己，尤其想在大庭广众露一手；好掩盖自己；对表扬沾沾自喜，对批评耿耿于怀；讲面子。

为什么不能忍受别人比自己出色？

嫉妒是一种比较复杂的心理。它包括焦虑、恐惧、悲哀、猜疑、羞耻、自咎、消沉、憎恶、敌意、怨恨、报复等不愉快的情绪。别人天生的身材、容貌和逐日显示出来的聪明才智，可以成为嫉妒的对象，其他如荣誉、地位、成就、财产、威望等有关社会评价的各种因素，也都容易成为人们嫉妒的对象。

嫉妒的人怀有明显的敌意，甚至会产生攻击诋毁行为，不但危害他人，给人际关系造成极大的障碍，最终还会危害自身。地位相似、年龄相仿、经历相近的人之间容易产生嫉妒。

嫉妒害己又害人。从自身来讲，嫉妒伤身，嫉妒使人把时光用在阻碍和限制别人身上，而不是潜心于自我的开发。就他人而言，嫉妒者的流言、恶语、陷害、阻挠、拆台、造谣等，往往对被嫉妒者造成恶劣的影响。几乎任何事物，只要是别人有自己没有但又渴望拥有的，都会成为嫉妒的导火索。

是什么使人陷入焦虑状态之中?

焦虑是人们对于所处的不良环境产生的一种不愉快的心理反应。由于有焦虑的产生，迫使人们萌生出逃避或摆脱这种不良环境的主观意愿，故在一定程度上，焦虑是一种“保护性反应”。任何人在一生中不可能一帆风顺，因此，每一个人都会有不同程度的焦虑体会。在正常情况下，人们针对所接触的环境或事务可以产生出不同的情绪反应。如高考前的学生吃不下饭，睡不好觉；比赛前有的运动员会四肢发凉、手心出汗、心跳加速等。随着处境的改善，产生的症状会慢慢消失，情绪趋于稳定，这就不能算病。

只有对那些发生在日常生活中的很小挫折都会引起强烈的情绪反应的人来说，才能算病。

焦虑症常见的类型有惊恐发作和广泛性焦虑障碍等类型。惊恐发作又称间歇发作性焦虑，它的特征是严重惊恐的反复发作，每次发作不局限于任何特定的情景和环境，像徐先生一样。发作焦虑、惊恐可能在开车时，也可能在办公室，症状因人而异，可能是心跳过速、胸口疼痛、头昏，也可能感到恐惧，觉得要死了、要发疯，甚至失去控制，在几分钟到半小时后，常不治而愈。两次发作之间虽然正常，但因频繁发作，常不敢去公共场所。徐先生以前虽是一位以能力强而出名的副总经理，患病后因不敢上街而长期休病假，连妻子都为了守候他而不去上班。

还有一类病人，总怕自己或家人遇到什么不好的事，每天上班忧心忡忡。患者总感到紧张、肌肉发抖、出汗、头晕、胃部不舒服等，但医生对他进行的躯体检查却无病症。这类病人患的是广泛性焦虑。还有其他的焦虑症类型，如恐惧性焦虑障碍等。

为什么有人登高、坐车、行船就害怕？

恐惧性情绪反应是一种具有自我防护、回避危害、保证生命安全的心理防卫功能，人皆有之。例如人们对黑暗、僻静处、高空环境、毒蛇猛兽都可能产生恐惧性回避反应。儿童、女性、胆小者和某些心理缺陷者，恐惧心理尤为明显。

根据恐惧对象的不同，恐惧症主要分为三类。

（1）广场恐惧症。原本是指有一类病人，一参加公共广场集会或群众性狂欢时，就出现病理性恐惧反应。一旦迅速离开广场后，病情随之消失。以后发现本症患者对商场、大百货公司、登高、仰视高大建筑物，乘坐电梯、公共车辆、过江轮渡，穿过隧道、繁忙的马路，以及走过很深很长的走廊等都会产生恐惧反应。

（2）社交恐惧症。这类病人平时不接触人群，见到自己父母等熟悉亲近的人，无恐惧紧张现象。一旦遇到陌生人、异性、上级领导甚至马路上的行人就会恐惧紧张，出现拘束不安、焦虑不宁、手足无措、面红耳赤、心悸出汗、头昏呕吐、四肢颤抖等身心异常反应。同时本人想方设法加以回避，脱离现场，躲避人群，以求减轻心理不安。

（3）单纯性恐惧症。除了对环境和人物恐惧以外，还有动物恐惧症，如害怕狗、猫、老鼠、昆虫等小动物，不敢碰摸，甚至不敢看，有时连对动物的玩具、图片和影视形象也感到紧张恐惧，竭力回避；疾病恐惧症，如心脏病、结核病、麻风病、中风或其他不治之症等。对癌症的心理恐怖，则称为“恐癌症”。其他恐惧症如见到鲜血恐惧，甚至突然晕厥发作，称为“见血恐惧症”。

恐惧症并不是什么难以治愈的顽症，只要接受适当的治疗，90%的患者都会得到明显的改善。而且无论病史多长、病情多重，治疗效果都很好。

为什么坚信自己遭受迫害？

任何人都可能偶尔出现被害妄想症，突然间变得疑神疑鬼，产生受迫害的非理性幻想。然而，如果这种情况经常发生，那么就比较严重了，应该引起足够重视。对所有人而言，缺乏安全感和孤独寂寞的人最容易出现妄想症，他们最初觉得“没人关心我”，后来演变为“有人要害我”。

身处战场的士兵更容易出现此类病症，由于他们每天都面对非常危险的环境，所以更容易出现被害妄想症。保罗·福塞尔在《世界大战与当代记忆》一书中记载道：第一次世界大战期间，英国士兵认定在他们后方耕地的法国农民暗中给德国炮兵发信号，为德国炮火指点英国阵地的位置。

当时，那些英国士兵恐惧至极，在他们眼中，迎风而动的风车、牵着牛的农夫、晾衣服的妇女都成了令人惊恐的暗号，许多人受不了压力几近崩溃。

诸多案例都证明，被害妄想症是一种严重的精神疾病，患者深受其害，尤其在婚姻生活中，如果一方得了被害妄想症，那么离婚的可能性非常大。

为什么自杀会传染给别人？

小说《少年维特的烦恼》讲述了一个名叫维特的少年因爱而自杀。当歌德这部呕心沥血之作发表之后，很快引起了世界级的轰动。除了他娴熟的文字驾驭能力和对人内心隐秘情感的精准透析之外，这本书最吸引人的地方还在于，它掀起了一股“自杀热”。在该书出版后的半年内，德国境内的自杀率明显上升，而且那些选择自杀的人多半都是模仿“少年维特”的自杀方式。这种情形被社会学家命名为“维特效应”。

1974年，美国加利福尼亚州某所大学的教授大卫很想要弄清楚，如果不是通过小说，而是通过媒体报道某一些自杀事件，会不会引起现代版的“维特效应”。他找来了从40年代初到60年代末这20多年间美国在册人口的自杀统计数据，结果他发现了一个很能说明问题的现象，如果一个人自杀的新闻上了报纸或电视的头条，那么它后面紧接着会有很多自杀事件与之有关，这个“很多”的平均数据为60%。

“有关”的含义是，后续的自杀事件，往往会出现与那桩报道相似的方式，或者有相似的背景。至于相关事件的数据，则与媒体报道的深度和广度紧密相关。而且，后续事件发生的时间与被报道事件相隔很近，平均而言，在媒体报道某起自杀事件之后的半个月内，该地的自杀率会上升30%。如果自杀的是名人，那这个数据更高。

比如，当知名影星玛丽莲·梦露香消玉殒之后，全国的自杀率在一个时期内竟然上升了12%。而诺贝尔文学奖得主海明威终于不堪病痛饮弹自杀之后，很多与之相熟的名人居然也以同样的方式结束了自己的生命。

生命诚可贵，自杀不好玩。在很多研究者都公开了自己关于“自杀会传染”的研究之后，一些国家也出台了相应的指导意见，希望媒体在报道有关自杀事件的时候，尽量避免用一些惊悚、恐怖，或者天命所归之类的语言；也不要太过详细地描述当事人自杀的方式，最好做到客观、平淡、简练。

为什么狂躁抑郁者多是天才?

英国《精神病理学》杂志曾经发表过一位著名的心理学博士撰

写的论文，博士的研究方向是历史上那些著名的大人物，在300个个案中，博士发现，天才与精神病就像是一对孪生兄弟一样存在于这些影响了历史的大人物身上，而他们所患的精神病，几乎都有躁郁症一项。

研究结果显示，政治家中患有躁郁症的比例为17%；科学家中患有躁郁症的比例为18%；哲学家中患有躁郁症的比例为26%；作曲家中患有躁郁症的比例为31%；画家中患有躁郁症的比例为37%；而文学家中患有躁郁症的比例则高达46%。

凡·高、拜伦、狄更斯、伍尔夫、牛顿、达利，这些耳熟能详的名字在向我们展示他们无可超越的成就的同时，也在向我们展示着他们因患躁郁症而在精神方面无法治愈的创伤和疾病。

躁郁症是一种间发性的疾病，且在两次病情发作的间隔期间，患者并没有什么异常状况，因此病情很容易被忽略。然而一旦发病，却是来势汹汹的。

狂躁发作时，患者的思维是非常活跃的，高谈阔论，滔滔不绝，也不会感到疲惫，甚至有时候会有很多幻想的成分在里面，胡乱虚构情节而自己浑然不知。患者并不需要任何人懂得他在讲什么，因为他沉浸在自己的世界中，跳跃的思维会很快让他变得混乱，显得语无伦次。这个时候，头脑风暴也会让患者的意志行为增强，即“协调性精神运动性兴奋”。

脑神经的亢奋带来的效果就是失眠，或者根本不需要睡觉，就像萨拉一样，持续36个小时不停歇地工作也不觉得疲惫。

狂躁症的发作一般会持续三天左右，接下来便是可怕的抑郁症。患者突然对一切东西都丧失了兴趣，哪怕是他昨天还爱不释手的事情，今天都会懒得去看一眼。他开始感到很疲惫，吃不下东西，要么是睡很长时间都不醒，要么就是躺在床上睡不着，但又没力气动弹。更可怕的是，他会发现自己根本无法集中精神思考问题，眼前会出现幻觉，难辨真假。

无怪乎那些躁郁症患者，几乎都会有自杀的冲动了，因为这样“刺激”的脑神经活动会严重影响到他们的生活，即便他们会因此变得更“聪明”，更容易创造成就。

今天你的精神“分裂”了吗？

精神分裂症可以说是一种最令人想不通而且致残率最高的心理障碍，是最为疯狂和精神错乱的一种病态。精神分裂症具有慢性衰退性的特征，患者很可能在日以继夜的精神折磨中渐渐地与社会隔绝而成为一个“幽闭的精神病”。

精神分裂症到目前为止，病因尚不清楚，但肯定与心理因素、社会因素以及生物学有关。对此，不同的研究学派有其各自不同的解释和理论。

首先，从心理动力学的角度去探讨一下有关精神分裂症的种种。

心理动力学认为，精神分裂症代表着一个人的自我，被来自本我的比如原始的性、冲动、攻击驱力等所淹没。因此这样的人看上去缺乏自我意识。因为本我携带的东西来势汹汹，自我被吓到了，于是退回到了最早的口唇期，即婴儿时期。这个时候的状态是无法区分外界和自身的。可是这种退回并不完全，就像人不能够倒着长一样。因此，自我横亘在患者自己与外面世界的通道中间，像堵塞了似的写着“此路不通”，这就形成了精神分裂的典型症状：与现实脱离。这时候的患者只能由着本我在意识中“作祟”，于是那些妄想、幻觉便会被认为是现实的，进而表现出一些不符合社会规范的行为。

其次，看一下从生物学观点的角度是如何来解释精神分裂症的。

尽管到目前为止依然无法完全清楚地解释精神分裂症的发病原

因，可是很多研究者都相信，生物学因素比如遗传在其中起到了决定性的作用。从对美国、爱尔兰、瑞士等国家的调查数据来看，精神分裂症患者的亲属之间患病的可能性比较大。如果是直系亲属的话，患病的几率是普通人的十倍。

除了遗传因素之外，脑部异常也是不容忽视的因素之一。有研究显示，一些精神分裂症患者的额前皮层脑电波的活动较常人的要低，这表明该区域存在功能损伤。额叶前部皮质控制的是人的情感功能，它就像是一个剪切板，存储了很多指导组织行为的信息。当这个部分遭受损伤，人就会出现记忆困难、注意力不集中、缺乏逻辑思维以及行为怪异等状况。

最后，再了解一下家庭理论是如何看待精神分裂症的。

这一学派的研究者认为，紊乱的家庭关系为精神分裂症的爆发埋下了伏笔。尤其强调了母亲在家庭关系中的影响。那些冷酷的、强势的母亲往往会导致自己的孩子患上精神分裂症，因为她们在一定程度上剥夺了孩子的自尊，并抹杀了孩子的独立性。

有研究者提出了“双重约束交流”的概念，这个概念传递了一种相互矛盾的信息。比如，当一个孩子听到母亲回家的声音，并欢天喜地地扑向母亲的时候，母亲并没有回应孩子这种热情，而是推开孩子的拥抱，教导孩子要稳重。无论孩子做什么受到的都是指示、教导和责骂时，他们就会变得很无助，不知道该怎么去做。

但没有母亲会承认这是她们自己的问题，她们内心对亲密关系的抗拒表现在了对待孩子的方式上，这不但让孩子幼小的心灵受到了伤害，还严重地影响了孩子的人格发展。

PART 3

重口味心理学麻辣汇

心理世界是个极其复杂的神秘地带，正如屠格涅夫所说：“人的心灵是一片幽暗的森林。”人心包罗万象，神秘怪异如一道深潭，让人无法探清其真相。但人的心理活动会通过对外界事物或他人的态度和情绪不自觉地表现出来，因此，我们探究人的某些重口味行为背后的心理就变得有迹可循。

为什么有的男人称为季度男人？

你是个单身汉，她是个令你心动的女孩，你们的感情惊天动地，仅仅90天以后，你却以每小时90千米的速度逃之夭夭。如果你是这样的人，很可能是患上了“季度男人综合征”。

造成男人无法维持长久感情关系的主要原因一般都与他们以前同其他女性在一起时的经历有关。这些男人中有些沉溺于捕获猎物的兴奋中（他们与尽可能多的漂亮女性约会），有些则在对象上有所选择，另外一些就只能说是十足的笨蛋了。

其中疯狂变换约会对象的男人总是飞速地往来穿梭于一段段爱情纠葛之中。他们的典型特点就是自以为是，随心所欲并且很容易受到诱惑。对于每一段关系，他们都倾尽全力，对女方感情强烈丰富有如狂风暴雨。但是很快他就会感到厌倦、烦躁，想方设法找一些微不足道的理由与对方结束关系。总体而言，这类男人缺乏安全感，他需要通过一次又一次的“征服”来证明自己的价值。

有时，一个“季度男人”给人的印象却好像一个踏实认真的好男人。这种人心中早有一张列好的清单，条条款款都是他对女人定下的要求。一旦发现与他交往的女性有哪一点与这张“产品质量要求表”不符，他就会毫不犹豫地在3个月之内“退货”。这类男人通常都十分清楚自己想要什么，并且对于改变既定条件的尝试毫无兴趣。他很可能在认识女方仅仅几周时就带她去见自己的父母，但这只不过是为了在万一可能结婚的情况下不必再费心去征得他们的同意。只有在女方完全符合要求，并且一切长期发展的条件均已具备之后，他才会舍得做感情上的“投资”。

还有一些不妨被称作受伤的徘徊者——他的表情告诉对方他曾经

遭受了多么残酷的折磨，他的每一个姿势都依稀可见多年以前那个神秘女人带给他的伤害。现在，他对女人“不得不”挑剔一些，因为他害怕再受痛苦。他从不完全投入到一份感情中，那是为了保护自己。他好像总在说：“尽管施展你的手腕吧，我根本不会上你的当。”这类男人总是在谈他希望与女友如何如何，比如，与她一起度假，一起利用周末去滑雪，一起享用浪漫的晚餐，等等。但是，他从不将这些希望付诸实践。在他心中，同自己很在意的人走得太近实在太冒险了。

了解了这三种“季度男人综合征”患者的特点，你可能已经很清楚自己是否患有此症了。

世间真有男不男女不女的人？

看一个故事：25岁的澳洲小伙威尔原本是一名漂亮的美术女设计师，然而从7岁上学时起，她就一心想成为一名男孩，并且十分痴迷橄榄球运动，渴望能像男生一样在草地上踢橄榄球。威尔23岁时，毅然接受了变性治疗，从一个性感美女摇身变成了英俊帅哥，成为澳大利亚乃至世界橄榄球史上首个变性球员。

通过故事，我们或许会对问题的答案心存疑惑，原来生理结构和体貌特征并非是判断性别的唯一标准。我们很可能会被“男扮女装或女扮男装”“女儿面下的男儿身或者男儿面下的女儿身”的假象所蒙蔽。

心理学研究认为，能够判断性别的不是人的生理结构，而是一种深层的个人感觉，心理学家将它称为性别认定。如果一个人的生理性别和他的心理性别不一致，就造成了性别认定障碍。比如，一个男人的生理特征表明他的性别是男，但他的内心里想变成一个女人，也就是说他的心理性别认定自己是个女人，那么就出现了性别认定障碍。同样，一个女人的生理特征显示性别是女，但心理性别认定自己是男儿身，也是性别认定障碍。所以，简单来说，性别认定障碍就是一个人在自身生理性别下表现出了异性的心理性别，也就是男人不是男人，女人不是女人。

性别认定障碍通常情况下比较罕见，男性发病率多于女性。

认识性别认定障碍，要注意以下几点：

（1）性别认定障碍不能与异装癖等同。异装癖是指通过穿戴异性的衣物或饰品来产生性唤起，主要目的是为了得到性满足。而性别认定障碍是指一个男人或女人希望公开的、完全地以异性的方式生活，通过某种手段使自己变成异性，而非以性欲为主要目的。

（2）性别认定障碍是一种性别倒错，而非性欲倒错。性欲倒错是指对物产生性唤起，不该引起性冲动的事物却引起了性冲动，恋物癖、异装癖、露阴癖等都是一种性欲倒错。而性别倒错指的是对自己性别角色的不适应，生理性别与心理性别不相符合。性别认定障碍是一种性别倒错，而不是性欲倒错。

伪娘到底是男人还是女人？

“伪娘”这个词已经屡见不鲜。它最早来自日本动漫，泛指“拥有女性美貌的男性角色”。随着漫画的风靡，备受欢迎的男性偶像也大多以红唇白面、青春俊美为主要特征。在生活中，男人留长发、着裙装已不是什么新鲜事。难怪有人感叹，这个世界纯爷们儿越来越少了。

除了在荧屏上看到一些美艳惊人的“伪娘”，生活中也有一些“伪娘”人群出现在我们身边。比如“短裙哥”“粉红哥”等，这些人通常身着女式紧身T恤、吊带背心、超短裙或高跟鞋，背女式挎包，佩戴女式饰物，化浓妆等，一切均为女性装扮。在色彩上也偏向明艳亮丽的女性化颜色，如红色、粉红色、明黄色等。

这些“伪娘”通常不避讳公众场合，他们会将自己打扮得“花枝招展”，以独特的个性穿梭在闹市、街头和舞台上，在谈吐上与正常人并无差异。他们不会像性别认知障碍患者那样可能会出现自卑心理或内向性格，而是以美艳动人的形象落落大方地在人们面前展示自己，并渴望获得认可和关注。

当“伪娘”越来越多的时候，心理学家不禁反思，是什么把这些本是男人的外表变成了“伪娘”的形象。

有的人认为荧屏或网络上的“伪娘”纯粹是为了炒作，他们的奇异装扮就是为了吸引人们的目光，为了赚取名利，其实并不是这样。从医学角度分析，这是有一定的科学道理的。地球环境的变化使孕育的男孩体内雌性激素分泌过多，导致男孩天生阳刚之气不足，从而性格、外貌、体征趋向于女孩。这是“伪娘”形成的一个内因，其外因是与成长环境有关。

当下的社会环境让我们感觉似乎步入“伪娘”时代。温室环境下成长的男孩，多缺乏独立生存能力和自主能力，更缺乏一定的男子血性气概。加上韩日偶像剧的流行以及“花美男”杂志的侵袭，对处于成长阶段的少年有一定的影响。韩剧中的男子大多俊美帅气，近似女性化，也会让一些男生模仿。

此外，社会和生活压力也会让一些男士采取一些奇异的行为来解压，如扮成“伪娘”。“伪娘”的频繁出现，对于社会的发展和个人的成长是不利的，性价值观和审美观也会受到颠覆。所以，为了保持身心健康以及尊重传统的审美观，还是少一些“伪娘”，多一些纯爷们儿。

男女性别到底分成几种?

自古以来，人们便视亚当和夏娃为人类的始祖。通过繁衍，孕育出成千上万的亚当和夏娃的后代。然而，从心理学角度来看，上帝不止创造了亚当和夏娃，还创造了当娃、亚当当和夏娃娃。这也构成了5种性别：

亚当（男人）、夏娃（女人）、当娃（雌雄同体）、亚当当（男两性人）和夏娃娃（女两性人）。

在我们的生活中，大多数人都是“亚当”或“夏娃”，只有一少部分属于“当娃”“亚当当”“夏娃娃”其中的一种。

那么雌雄同体的“当娃”具有怎样的特征？简单说，他们以雌雄同体为主要标志，也就是在他们身上生长有发育完全的两套生殖系统。他们一出生既有睾丸又有卵巢。

格罗内尔德1986年出生，异乎寻常的是这个孩子生来就有两性生殖器官，最终，孩子的父母还是为她取了个女性化的名字：莎拉。莎拉·格罗内尔德自小就显示出出色的网球天赋，但性别疑问始终是个麻烦。

19岁那年，莎拉决定成为一名100%的女性，她进行了男性生殖器切除手术，术后通过了性别鉴定。

而男两性人“亚当当”，是指生理上具有更多男性特征的两性人。他们的睾丸发育完全，而属于女性部分的卵巢则发育不完全。

同样，对于女两性人“夏娃娃”来说，她们有发育完全的卵巢，但只有部分男性生殖器。

了解了5种性别的特点之后，我们便可以进一步地认识性别认定障碍，并且明白了它与上面所述的两性人之间的显著区别。

双性人有哪些难言之隐？

双性人在医学上称为两性畸形或性别畸形，俗称“阴阳人”，是指殖器官发生变异，出现与正常的男女生殖器官不同的器官的人。两性畸形又可分为真两性畸形和假两性畸形。这是根据体内的主性腺来判断的。造成两性畸形大多数是性染色体异常造成的。

医学上称先天性畸形为真两性畸形，而假两性畸形可以通过手术的方法使人重新回到正常的生活和学习中去。

为什么会出现生理结构异常的两性人？从医学角度来说，人体的性腺是由原始性腺发育而来。原始性腺的皮质发育形成卵巢，而髓质发育则形成睾丸。而皮质发育还是髓质发育，则取决于性染色体的组合。当XX组合时，原始性腺的皮质发育形成卵巢，髓质发生萎缩不形成睾丸；当XY组合时，髓质发育形成睾丸，而原始性腺的皮质发生萎缩不形成卵巢，从而使男女形成不同的生理结构。但是由于某些原因会使原始性腺的皮质和髓质同时发育，这样就形成了所谓的双性人。

为什么有的人会有恋物癖？

6岁的时候王林父母离异，他跟着母亲一起过。母亲为了生活外出打工，王林就和爷爷奶奶生活在一起。平时王林总是和女孩一起玩耍，并由于其少年老成的关心体贴常博得女孩的好感。12岁时，一次偶然的机会他看到堂姐放在床上的内衣，当时就产生了强烈的好奇心和性冲动。此后常回想此情景，并伴有手淫。

15岁时，母亲将他接到自己身边。就是在那一年，王林开始“收集”女性的内衣，每次“收集”的时候，他都伴有强烈的性兴奋；在夜深人静的时候，还会把“收集”的内衣拿出来反复地抚摸和嗅闻，觉得很舒服，身体也很放松。

像故事中的王林这样沉溺于妇女日用小物品的人，实质上是患上了一种性心理病态，也就是恋物癖。恋物癖是指对性爱对象的一种象征意义上的迷恋。恋物癖患者通过抚弄、嗅、咬或玩弄某种物品来获取性快感。

患这种心理病症的以男性为多，他们不是通过性接触达到性满足的目的，而是通过与异性穿戴或佩戴的物品相接触而引起性的冲动和获得性的满足。他们偷取女性穿戴的内衣、内裤、乳罩、头巾、丝袜等，加以抚摸，并收藏起来。

恋物癖患者对异性本身毫无兴趣，只是单纯地把性欲专门指向物品，至于这些物品是什么人的则无关紧要。而正常的恋物心理则与此相反，是一种“爱屋及乌”的心理。此外，有一些恋物癖患者对所恋的事物已经达到了近乎疯狂的地步，甚至与所恋事物或物体结婚。

恋物癖只是一种习惯性的行为，恋物癖患者在偷窃恋物的前后心理也是相当复杂、矛盾重重的，没有得手之前，他们往往感到焦虑、紧张和不安，一旦得手，虽然性心理得到了满足，但常常又会因憎恨自己的这种行为而产生自责、悔恨、忧郁、痛苦、自卑等心理冲突。

为什么有的人会有异装癖?

异性装扮癖者一般从青春发育期开始主动穿戴异性服饰。其表现主要是：刚开始时所穿内衣裤为异性服装，并且是偷偷穿戴，如男性戴胸罩、穿连袜裤等，外套仍为符合自己性别的服装；之后穿戴的异性服装逐渐增多，以致全身上下、内外都是异性服装；最后在公共场所也穿戴异性服装并佩戴异性饰物。穿戴异性服饰时有明显性兴奋感。

异性装扮癖者男女均有，但是以男性居多。这类男性大多数都是异性恋者和非易性癖者，这类女性则几乎都是女同性恋者或易性癖者。

异装癖患者一般在5～14岁之间开始萌生异装兴趣，到了青春期就产生与异性装束有关的色情幻想。开始时一般在自己房间中穿异性服装，通过镜子自我欣赏。以后逐渐频繁起来，出现在公众场合，或穿异性服装入睡；先是部分异装，偶尔穿一两样女性服装，以后逐渐增加异性衣饰的件数直至全部使用异性装束。他们穿着异性服装时大多会体验到平静和舒适感，有的还有一种文雅和美丽的感觉。如果不穿或被制止穿异性服装时，则会引起强烈的紧张不安的情绪。患者在穿异性服装后能引起性兴奋，最初是手淫时穿，以后则是性交时穿。多数患者结婚后，与妻子有性爱，少数患者后来转换成易性癖患者。

患者在幼年时本身性别受到环境的影响，如父母本来想要个女孩，却偏偏生了个男孩，或者相反。为了填补心理上的缺憾，便把孩子打扮成异性并给予更多更大的关注和爱抚。有些父母总认为女孩子温顺听话、讲卫生，因此在日常生活中教育孩子时，总爱把男孩当女孩来对待，还常拿邻居家的女孩做榜样进行教育。也有一些家长把女孩当男孩来教育，使孩子在儿童和青少年期缺乏正常的社会交往，养成了异性化的气质性格。

有的患者对两性关系有一种惧怕和忧患的心理。异性装扮解除了患者潜意识中对性活动的忧虑情绪或罪恶感的结果。

为什么有的人会有恋童癖?

“萝莉”“大叔”之类的词屡见不鲜，而对于大叔爱上小萝莉这种老夫少妻的婚配组合方式也司空见惯。然而，需要警惕的是，在小萝莉与大叔之间，还会存在着另一种情结，即恋童癖。

恋童癖，就是爱上儿童或未成年人，这是一种性偏好，也是一种罪恶心理。恋童癖者其性欲通常部分或全部地指向青春期或未发育的儿童。它通常被视为中年男性的障碍，而很少出现在女性中。

经国内外有关恋童癖的相关报道，男孩比女孩更容易成为恋童癖的受害者。女孩我们可称为“小萝莉”，男孩则可以被称为“小正太”。

恋童癖患者最突出的表现是与儿童发生性体验，包括抚摸儿童同时进行手淫，挑逗儿童的生殖器，抚摸儿童的身体，猥亵儿童，与儿童进行性交。还有另类的亵渎行为，例如诱惑一群孩子参与到性生活中，让他们摆姿势拍色情照片。

由于儿童年幼，身体发育尚未成熟，恋童癖患者又往往动作粗暴，攻击性强，因此会给儿童造成严重的身心创伤，甚至死亡。受过恋童癖患者侵害的儿童一般会受到惊吓，不会立刻告诉家人自己的遭遇，但会表现出哭闹、不睡觉、心情孤僻、学习成绩下降等症状。

在儿童时期经常遭到性侵犯的成年人会出现抑郁、自我毁灭、不信任他人的行为；在儿童时期遭受过性虐待的女性在成年后比其他女性更容易受到丈夫对其身体的虐待。

为什么成年人会对年幼无知的儿童产生这种变态心理？恋童癖的起因又是怎样的？

（1）女人的染色体是XY，男人的染色体是YY，但有一种男人的染色体却是XYY，有人说具有这种染色体的人是天生的罪犯，犯罪的概率极高。有XYY染色体综合征的人因为多了一条与男性有关的染色体，所以会表现出过分的男性化特征：缺少自制力，情绪控制不良，脾气多暴烈，好斗，进攻性强，有反社会行为，极容易犯罪等。这种人可以有正常或异常后代，也可能没有后代。

（2）恋童癖患者在童年时期往往受过虐待，不被关心。当然，不一定童年受过虐待又缺失关爱的小孩长大后都会成为施虐者，还有很多其他因素会改变一个人的生命轨迹。

为什么有的人会有恋尸癖？

杰弗瑞·达莫是美国史上最臭名昭著的连环杀手之一，同时也是一个典型的恋尸癖患者。他对尸体或濒死之人的身体的性迷恋可以说是令人发指。杰弗瑞·达莫家境富裕，他的父亲是一位药剂师。达莫的童年并没有遭受任何躯体虐待或者性虐待，但却总是逃不脱父母的争吵、打架的阴影。那时，他还小，他的母亲一边抱着他，一边和他的父亲激烈地争吵。达莫伏在母亲身上，听着她因争吵激烈而致使胸口传来的猛烈的心跳声，那种心跳声始终萦绕在他幼小的心灵里挥之不去，直到伴随他成年。

不知是否是这种家庭环境的影响所致，达莫从小就对动物和昆虫的尸体有着一种特殊的癖好。每当他把小动物或昆虫抓到手，就把头贴在它们的胸膛上听心跳的声音。他还乐于收集被车撞死的动物，然后砍掉它们的脑袋，挂在树枝上，剥去它们的皮毛，挂起来晾晒成干。

达莫在童年的时候曾创造了无数的恶作剧奇迹。例如，他5岁的时候，骗一个小朋友帮他从一个巢穴中拿出一只金龟子，那个小朋友就听话地把手伸进了巢穴，可是，谁知伴随而来的是一阵阵大叫和哭喊声，等到那个孩子把手从巢穴里拿出来时，上面爬满了大黄蜂。而站在一旁的达莫却无动于衷。

上小学时，他从池塘里抓了一些蝌蚪，并送给了他喜欢的一个老师。可是，他的老师不喜欢蝌蚪，把它转手送给了另一位同学。这让达莫非常气愤。他决定要惩罚那个同学，就把汽油倒在盛放蝌蚪的容器中，然后逼迫着那个同学把它喝下去。

除了以上这些，达莫的花样还多着呢。他还喜欢四处寻找流浪狗、流浪猫，然后捉住它们，用绳子捆住身体和脚，再把它们放在马路中央，看着它们被汽车碾成肉饼。

达莫的恋尸癖是在成年后得以充分表现的。那时，他的父母已经离婚了，缺少关爱的达莫也随之变成了一个内心冰冷的变态狂。

这一次，他杀害了一个名叫史蒂文·希克斯的人。事情是这样的：达莫在喝过酒之后开车回家，路上遇到一个人要搭他的便车，在车上，他得知这个人名叫史蒂文·希克斯。后来，达莫提出邀请希克斯到自己的豪华公寓去坐一坐，喝啤酒、吸大麻，希克斯表示同意。

在公寓里，达莫要和希克斯发生性行为，但是遭到拒绝，后来两人发生争执，达莫用杠铃砸死了希克斯。黄昏的时候，达莫把尸体肢解成块，放入塑料袋中抛进了一个小树林里。

后来，达莫听说一个青年男子死了，就跑到殡仪馆去看他的尸体，琢磨着怎样把尸体偷出来，这样不用杀人就能享受到性交的快感。

达莫并没有停止自己的恶行。他做了一个黑色的桌子，在桌子上面又盖了一座“小庙”，里面存放着被漂白或者彩绘的13位受害者的遗骨。此时，达莫刚满30岁。不久之后，达莫被捕了。而此时已是中年的他已经变得精神恍惚了。

为什么有的人会有窥阴癖？

窥阴癖是一种反复出现或持续存在的窥视他人性活动或亲昵的行为，如千方百计地偷看妇女如厕、洗澡与性生活，并以此作为自己性兴奋的方式。其患病率未明，此类人一般为男性，年龄以20～40岁居多。窥阴癖患者为了达到目的，甚至可以不顾肮脏藏身于粪窟内，或在女厕所墙上挖洞，或用反光镜从男厕所一边进行窥视。

窥阴癖者一旦发展到不可自控的阶段，就会千方百计地寻找机会来满足自己，一遇到机会就不会轻易放过。

窥阴癖者的行为是令人反感的，而窥阴癖者本人也会因自己的行为而感到自责、自卑。窥阴癖者要想摆脱这种性变态心理，可以保持清醒头脑，必要时寻求心理医生的帮助，接受抑制性治疗措施，就可以完全转变为正常的健康人。

为什么有的人会有暴露癖?

露阴癖是最常被报警的性侵犯行为之一，这种行为如果得不到矫正，往往会让露阴癖患者走上更加严重的性犯罪道路。有不止10%的儿童性骚扰者和8%的强奸犯开始的时候都是露阴癖。

露阴癖通常发生在15～30岁。大多数的露阴癖者是非常害羞、温顺、不成熟的男性，他们如果长久性压抑或者婚姻不幸福，那么露阴就是他们性满足的唯一方式。

大多数情况下露阴癖患者是到公园、电影院或商店、街上、花园等一些比较容易逃跑的地方寻找目标下手，通常露阴癖患者性唤起后，他们会当场或者回到家后自然地射精或用手淫的方式达到射精。

男露阴癖们露出他们的生殖器是为了寻求心理刺激，同时也是努力让自己相信自己还具有男子的气概。虽然露阴癖患者不会对人造成身体上的伤害，但这种行为却令人厌恶，对儿童则会造成心理创伤。

除了男露阴癖患者，也有女露阴癖，男女比例为4：1。女露阴癖裸露的方式通常和男露阴癖们很不同，她们会袒露乳房。

对于露阴癖发生的原因，一种解释是原始行为的释放。另一种解释是环境因素。例如说患者在小的时候曾不小心偷看到他们父母不同程度的裸露，包括一起睡觉、一起洗澡、性生活的过程等。另外，每个人童年时也许都有过与异性或同性小伙伴相互抚摸外生殖器来满足好奇心的经历，而到了成年后，这些儿时荒唐的记忆就会被封存起来，或压在心底，但是当遇到重大精神创伤或者性压抑，一旦没法有效排解宣泄，便会不自觉地启动幼年时的方式来解脱和宣泄成年的烦恼，这也可以说是露阴癖行为产生的根本原因之一。

为什么有的人会有摩擦癖?

摩擦癖指患者在拥挤的场所故意摩擦异性，甚至用性器官碰撞女性的身体，并伴有射精或者手淫来达到性的满足，是通过触摸或摩擦异性身体而获得性快感的一种性变态。

摩擦癖患者通常在拥挤场合进行，如商场、电影院、公共汽车上等公共场合，也称挤恋。患者进行摩擦的部位多为异性的生殖器区，也有以手或肘及其他部位作为主要摩擦部位的，受害者被触摸摩擦的部位多为手臂、乳房、臀部、会阴部及腿部等地方。大多数情况下是隔衣进行接触摩擦。同时在摩擦行为中有性高潮出现，即射精。

有关摩擦癖发生的原因，普遍认为有两点：一方面是家庭因素。许多摩擦癖患者在童年时代生活在性封闭的传统家庭环境里，有着性压抑的经历。或者生长在单亲家庭，因长辈婚姻不幸，使得患者自小性情孤僻，拒绝与女孩交往，反感性生活。另一方面源自偶然因素，大多数摩擦癖患者在成长阶段性心理发育受阻，导致畸形性心理，通过与异性身体摩擦接触来获得性快感。

对摩擦癖患者的治疗主要采用心理治疗的方法：

1.认知领悟疗法

此种方法引导摩擦癖患者仔细回忆自己的成长过程，特别是儿童期有关性方面的经历，从中找出导致摩擦癖行为的根源，并向患者进行详细科学的分析，使患者对自己的病症有一个正确的认识，然后努力克服。一旦出现摩擦异性的欲望，要用正确的认知来支配自己。

2.支持疗法

此种方法通过心理咨询，在精神上给予摩擦癖患者关心和支持，使其树立起治愈摩擦癖的信心，以积极主动的态度重新迎接生活。

此外，对摩擦癖患者的专业治疗，可使用精神分析疗法、系统脱敏疗法、厌恶疗法、药物治疗等方法，专业药物治疗配合心理治疗，会使患者的摩擦癖行为得到改善和治愈。

为什么有的人会有慕残癖?

早在19世纪，世界医学文献中就有对慕残癖的相关描述。记载了一些健康的男女被截肢者、跛脚或者使用拐杖、支架和轮椅的残疾人吸引，从而产生性冲动。

例如，有的慕残癖者喜欢跛脚的男孩或女孩；有的慕残癖者看到一些肢体完整但是患有肌无力的人会有一种特殊的情感，当他们静静地坐在轮椅上或者躺在床上，保持着均匀的呼吸声，或者沉睡，会让慕残者有一种兴奋异常的心理，并通过这种心理满足自己。

慕残癖又称为恋残癖，是指被残疾异性（特别是患有进行性损害或截肢者）吸引并产生性冲动和爱恋的健全人所有的一种奇特心理，在女性中常见。慕残癖患者会对聋哑或截肢的残疾异性产生爱恋之情，甚至与之恋爱或结婚。

为什么慕残癖患者会对残疾异性心生爱慕，而对正常的健康人却熟视无睹呢?

心理学专家解释，一是因为对残疾或畸形的偏好导致了慕残癖者对残疾人拥有较少的恐惧心，而残疾人更易于占有或易于支配。二是被残疾人所吸引其实与同性恋、虐待狂和情欲奴的潜在心理有关。有着潜同性恋意识的男性能在截肢者身上找到含有较少危险的性刺激。慕残者也试图通过照顾、爱护残疾人来满足他们未被满足的对爱和关心的需要。

另外，根据行为心理学分析，慕残癖可能是因为性体验与残疾人之间碰巧形成了条件反射。这种人往往也是非常自卑的，他们不敢向正常人示爱，只好转向弱势群体。据说，有的人是被残疾人一瘸一拐的走路方式所吸引。按精神分析理论，这种走路方式节奏感很强，而节奏本身就是性的象征。

为什么有的人会有性受虐癖？

澳大利亚有一个著名的小说家名叫利奥波德·萨克·莫索克，他的小说一直处在争议的风口浪尖之上，近百年来都没有消停过，因为他的小说主题总是离不开那些通过被女性虐待而找到性快感的男性。“性受虐癖”这一个词也是从他的小说中得来的。

所谓性受虐癖，指的就是那些需要通过被虐待而达到性高潮或者满足性幻想的一类人。他们多半喜欢被捆绑，被鞭打，被侮辱，总之就是怎么变态怎么来，而在这种刺激自尊，又刺激疼痛神经的过程中，他们会获得难以想象的满足感。

大部分的性受虐癖都表示，这种快感和满足感，无法单纯地通过幻想来达到。我的意思是，如果他们只是躺在床上闭着眼睛想象着自己被鞭打，似乎完全不过瘾，必须来真格的，必须切身地体会到疼痛和屈辱，才能从另一个角度找到快感。比如面前的异性一边狠狠抽打自己，一边用污秽不堪的语言谩骂自己，而且一定要咬牙切齿面露凶光，要是透露出点柔情或不舍，就不好玩儿了……

而此类患者通常为男性，而配合他们的人一般是一次性买断的妓女，或者和他们有契合癖好的情人或妻子，但由妻子来担任这个角色的情况真是少之又少。在电影《银行大劫案》中，藏在银行保险柜里面不便公开的照片中，不是有军队高层领导人逛夜店找妓女来鞭打自己的裸露“写真”吗？

在20世纪的美国，一些性受虐癖患者想出了更加新奇的“玩法”，心理学上将其称之为“缺氧性受虐癖”，具体就是通过使自己窒息，进入大脑短暂性缺氧的状态，从那“片刻的眩晕”中找到无与伦比的快感。

虽然很多人都能够保证在自己失去意识之前停止这种受虐，但也有不少意外发生，因为时间控制不好而导致患者窒息而死的情况也时有发生。

为什么有的人会有性施虐癖？

有性受虐癖，当然就有性施虐癖。这个名称也是因为一个小说家而来，他就是18世纪法国臭名昭著的萨德侯爵，他总爱描述那些通过虐待别人而获得快感的故事，并且把施加痛苦、欺凌别人的场景描写得淋漓尽致。

性施虐癖也是具有周期性的，这类人需要的是通过给他人造成痛苦来完成自己的性唤起。当别人表现得越痛苦，越难以承受，他们就会越兴奋，直至达到高潮。

这样看起来，性受虐癖和性施虐癖倒是互补的，两者一起配合倒不失为一个好办法。但实际上并非如此，虽然正常人在潜意识里面都或多或少拥有一些受虐或者施虐的欲望，但这种欲望是可以通过理智来压制的，也可以通过头脑中的幻想来进行性唤醒，不需要通过真实的“虐待”来展开。可是这类患者却无法采用正常的唤醒机制，他们必须“实操”，才能有找到快感的可能。

和性受虐癖有所不同的是，性施虐癖患者多具有攻击性，因为他们意在让别人感到痛苦，当然他们多半不会在街上攻击陌生人，或者跟踪尾随再虐待杀害等（那只是少数的变态杀手），但是，他们很可能在面对发生性关系的对象时，无法抑制地出现施虐行为。也许对妻子他们可以克制，但这种冲动是需要发泄对象的，很多人多半就会在妓女身上寻找出口。

为什么会出现性心理变态?

有一则新闻，说的是一位外地打工的女青年，在一家个体诊所求医时被该诊所的医生奸污，并受到该医生的胁迫与之同居。在二人同居后，为了防止女青年“不忠”，医生竟然用一种所谓的“贞操锁”锁住女青年的阴部。这种行为从心理学角度讲，就是一种性心理变态。

性心理变态是性心理障碍的一种，它是指性心理或性行为的异常表现，对个人的精神创伤和心理痛苦造成较大的危害。

性心理变态专指性身份障碍、性偏好障碍和性指向障碍。它包括两个方面:一是性爱对象的变异；二是性欲满足方式的变异。著名心理学家弗洛伊德将性心理变态分为量的异常和质的异常。其中量的异常包括性功能亢进，如色情狂等；质的异常包括手段异常及性对象异常，如露阴癖、窥阴癖、性虐狂、同性恋、恋童癖、兽奸等。

性心理变态患者厌恶正常性行为，其变态性冲动呈强迫性，往往难以克制和摆脱，性心理是以异常行为满足个人性冲动。对性心理变态患者来说，正常人不会引起性兴奋的某些物体或情境，对他们都有强烈的性兴奋作用，从而形成歪曲的性冲动或行为。

关于性心理障碍的病因，可从医学角度和心理学角度双面分析，主要有以下几点：

（1）遗传因素：性心理障碍的发生与一定的人格缺陷有关，心理学研究认为，同性恋的发生有遗传因素基础。

（2）生理因素：性心理障碍的发生与发展与人类性腺活动密切相关。在一项关于胎儿的激素影响与性心理发展关系的研究中，结果表明，胎儿期雄性激素的存在会使出生后的性行为类型为男性，而出生前雄性激素的缺乏，则会发生同性恋行为。有学者认为，性腺内分泌不平衡是同性恋的生理原因。

（3）环境因素：儿童期是性心理发育的重要阶段，而家庭的影响对性心理障碍的发生起着重要作用。

（4）心理因素：弗洛伊德认为，性变态心理也有可能来自幼年性经历的再现和延续。怕羞、胆怯拘谨及缺少排解心理困境和应变能力的个性、创伤性心理诱因等，都会在一定程度上影响性心理障碍的发生和发展。

为什么会发生同性恋？

同性恋，顾名思义，即同性之间的爱恋。它属于性偏离中的一种。同性恋者的情爱发生错位，所追求的性爱对象是同性，而不是异性。

荷兰阿姆斯特丹大学医学专家经研究声称，母亲在怀孕期间吸烟或喝酒会影响孩子的性取向和智商。除此以外，母亲的压力大和严重环境污染也会对胎儿产生类似的影响。因此，孕妇吸烟喝酒可能会降低孩子的智商，容易使孩子成为同性恋。

现在非常流行的“腐女”主要是指喜欢男男爱情的女性。她们在对性幻想感到难为情以及对爱情和性的难以抑制的渴望双重矛盾心理下，滋生出了关于男男之间的同性恋幻想。

同性恋者的行为表现具有以下特征：在行动或幻想中，喜欢与同性发生性关系，以同性作为恋爱和性欲满足的对象，反感异性恋；在同性恋中，有的是绝对的同性恋，对异性毫无兴趣，有的既恋同性，也对异性有正常的性亲昵行为；同性恋者以抚弄阴部、乳房刺激、身体接触、口淫、相互手淫等为常见方式。但有的同性恋者只限于对同性心理上的欣赏，肉体上不发生关系，这称为精神性同性恋；此外，还有一种被称为假性同性恋。这类人因缺乏与异性接触机会或由于环境因素影响而暂时转向同性恋。

同性恋者男女均有。男同性恋与女同性恋二者存在着很大的不同。通常情况下，男同性恋者远远多于女性；女同性恋者之间的联系一般比较固定，而男性之间较不固定；女性同性恋多较隐蔽，不易发现，只有少数几个同性伴侣。男同性恋者的性冲动较正常人更为强烈，性生活的频率及性伴侣的数目均较正常人多；部分男同性恋者的行为带有女人气，喜欢按照女性的活动方式行事。部分女同性恋者的行为则带有男子气息，喜欢从事男性的活动和以男性的方式办事。

同性恋者的性取向远远发生在性成熟之前，在幼年时期就表现出种种迹象，如爱扮演异性角色等。到了青春期后，同性恋行为逐渐明显，持续表现出对同性的性爱倾向，而排斥对异性的性爱倾向，但并不表示他们绝对不对异性产生性爱兴趣。同性恋的持续时期是不同的，有的人一生都是同性恋者，有的人只有一个时期是同性恋者。

为什么有的人会贪吃到呕吐为止？

贪食症也称暴食症，是一种以反复发作性暴食及强烈的控制体重的观念为特征的综合征。此症为周期发作、不可控制的多食，包含两大主要特征，其一是不可抗拒地强迫自己多食，其二是自己设法进行呕吐以避免体重增加，有时则是滥用泻药。此类患者的体重常保持在正常范围之内，女性较为常见。

事实上，大多数人偶尔都会放量大吃一顿，狂喝一回。人人都有这样的时候。偶尔失去控制是没有关系的，不要因此而责备自己。这样临时和偶尔的放纵并不说明有贪食症，因为贪食症需要经常和反复失去控制地暴饮暴食才成立。暴食跟一场摄食狂暴活动一样，你会失去控制，一直吃下去，直到胃疼不得不停止为止。然后，你会呕吐，一切又重新开始。

贪食症以反复发作性暴食和强烈的控制体重的愿望为特征，为防止暴食对体重的影响，患者采用各种措施，如呕吐、导泻、增加活动量等，致使体重反低于正常范围。

贪食症是用来处理压力以及不愉快感觉的一种方式，患者在生理上并不需要进食，而在心理上却有长期饥饿的感觉。这种饥饿涉及心理需要，并非单靠食物便能解饿。病患者只觉饥饿难耐，但疯狂进食后，又会马上以抠喉、服泻药等方法拼命把食物呕泻出来，用尽各种方法避免体重增加。但这样做并不能真正起到解除心理压力的功能，反而使“吃”变成了处理焦虑不安、寂寞和生气的不当方式。由于很多贪食症患者暗地暴饮暴食然后排泄并且能够保持正常或超正常体重，所以他们可以隐藏问题许多年。

大多数贪食症患者都认为自己没有吸引力，害怕变胖，觉得自己比实际体重要重。与厌食症患者相比，他们控制体重的努力是混乱的：克制的饮食行为常常被反复的、持续时间较短的不可控进食破坏；随后又会出现挽救其后果的行为。暴食中消耗的食物量是巨大的，他们吃东西并非为了寻求快乐，相反，他们吃东西都是秘密的、快速的和囫囵吞枣式的。这些行为之前通常会出现身体或心理紧张，进食只是为了缓解这种紧张。在暴食时，他会感到无法控制自己的行为；但吃完以后，负罪感、自责和抑郁便随之而来。不久，又会找到呕吐或泻药作为对暴食行为的补偿和惩罚。暴食行为和“抗暴食”的循环就这样完全控制了生活。

为什么有的人吃东西时生不如死?

厌食症是指一个人怕胖而少量或不愿进食，常有意地严格限制进食，使体重下降至明显低于正常标准或严重的营养不良，此时仍恐惧发胖或拒绝正常进食为主要特征的一种进食障碍。即使体重已减轻至标准体重的85%以下，仍主观地担心体重增加，且无视身体已出现部分不适症状，甚至会有连续3个月以上的停经。此症患者的年龄通常在13~20岁，女生比男生多10倍以上，并且发达国家或中上层阶级的家庭子女罹患的人数相对较多。

与其他精神障碍相比，厌食症在社会经济地位较高的女性和高学历人群中最常见。他们对体型和体重持有歪曲的看法和态度。苗条和减肥是他们最为关注的，而个体的努力就是为了避免体重增加和变胖。对另一些人而言，对体重的过分关注和控制反映了他们缺乏自信以及力图控制生活某一方面的愿望。在他们看来，再瘦一点儿会让自己感觉更好——这使得他们永远都不会对自己的外貌满意，减肥也就一直这么持续下去。

厌食症一般是从“正常的”节食开始的，但慢慢就发展成了十分挑剔和严格的热量限制和剧烈漫长的生理活动。食物限制和身体锻炼形成了强迫性。开始的时候是不敢吃，到疾病后期，食欲极度缺乏，身体消瘦，对食物有强烈的欲望，这样的节食坚持不了几天就会禁不住食物的诱惑，大吃一顿。为了不导致发胖，就采用吃泻药或自我引吐的方法，使吃下去的食物迅速排出体外，然后再继续开始节食，控制不住了再暴吃一顿。如此周而复始，出现了贪食症的症状。到了最后，为了控制自己的食欲，干脆自行服用食物抑制药，但这些药会使人情绪低落，反应能力下降，甚至完全没有食欲，又开始厌食。也因此，厌食症俗称“减肥综合征”。

虽然厌食症患者回避吃东西，但他们对食物还是很关注的。他们会花很多时间思考食物，并为他们自己或他人烹调，或看着别人把食物吃掉。他们承认自己会梦到食物，有饥饿的疼痛感，也保持着一定的食欲。大多数的厌食症患者存在歪曲的身体意象，他们过分高估了自己的体重，对自己的体形很不满意。轻度抑郁、强迫症以及焦虑等心理问题普遍存在于厌食症患者中。

除了与某些遗传素质有一定的关系外，个人的易感素质是厌食产生的一种原因。这类患者常常争强好胜、做事尽善尽美、喜欢追求表扬、自我中心、神经质；而另一方面又常表现出不成熟、不稳定、多疑、敏感、对家庭过分依赖、内向、害羞等。

为什么大家都爱挖鼻孔？

根据心理学的解释，大家喜欢挖鼻孔这个行为，其实是一种特殊的癖好——挖鼻癖。就像洁癖一样，人们可能对保持身体清洁有一种特殊的执着，而鼻孔的脏东西又比较好清理，就造成了有人将其变作癖好的现象。

根据美国精神学专家汤普森和杰弗森的调查，有挖鼻癖的人不少。他们在美国随意抽取了一个县，派发了1000份问卷调查，其中有254个人都回复了。在这些回复的人里，超过90%的人都习惯性地会挖鼻孔，甚至有1.2%的人表示，自己每次挖鼻孔都会格外陶醉，所以每隔一个小时就习惯性地用手跟鼻子“打个招呼”。如果说这小部分人是挖鼻癖人群中的“战斗机”，那还有两个受访者就堪称是“航空母舰”级别的了，他们甚至曾因为挖鼻孔太频繁，导致自己的鼻隔膜破损。

由此可见，挖鼻癖不仅是一个特殊的癖好，还是一个比较普遍的癖好，在人群中很容易找到“同好”。那么，这种癖好是否属于一种强迫症呢？如果像洁癖、咬指甲癖一样属于强迫障碍的话，就代表着它很可能影响正常生活，是需要特别注意病态行为。

为什么紧张的时候想上厕所？

人的排尿活动是受大脑的神经支配的。平时，身体一直都在产生尿液，但它并不是一产生就被排出体外的，而是先贮存在膀胱中。膀胱的开口部有一种肌肉叫括约肌，当它收缩时，尿液排出的通道就关闭起来，不让尿液排出；当它放松时，通道就打开，尿液被排出体外。这种肌肉的活动是由大脑控制的。当膀胱里的尿液贮存到一定量后，它就通过神经告诉大脑，大脑知道后便指挥膀胱的肌肉放松，排出尿液，而正常情况下这些肌肉都是收缩着的，所以不用总去厕所。

紧张时总想上厕所是怎么回事呢？有过这种经历的人都会发现，尽管总想上厕所，可去了才发现每次排尿并不多，甚至有时没有尿。这说明膀胱里只贮存了少量或还没有贮存尿液，而真正的原因是大脑由于情绪紧张而处于敏感状态。这时虽然膀胱里的尿量很少，传递给大脑的信息很弱，但大脑不仅能收到而且会做出强烈的反应，支配膀胱进行排尿。所以有的人一紧张就总上厕所。

为什么男人都喜欢处女?

有人以1277名单身男性为对象展开调查，结果发现，已经抛弃童贞者占了42%，只有17%的男性想保持童贞到结婚为止，其余的童贞保持者表示“顺其自然”——这部分男性的性观念很随便，表示有机会的话，将毫不犹豫地抛弃童贞。

男人对自己很宽大，却严格地要求对方纯洁，这到底是为什么呢?

第一，男人对处女永远抱着“憧憬”的态度。或许他们会在口头上“逞强”，但在内心里，他何尝不希望对方是处女？曾经有一家权威调查机构以全国的单身上班族为对象，举行了一次“希望结婚对象纯洁的程度”的调查，结果在2295名男性中，回答以“非纯洁不可”的人占26%，“最好是纯洁”的人占38%，合计起来超过六成。

第二，正因为男人绝大多数已非童贞，才苛求结婚对象必须纯洁无瑕。这种心理实在很矛盾。男人们喜欢这样叙述他们的意见——“男人具有性经验比较理想。如此在婚后才能引导妻子，使性生活趋向于圆满”。其实，这只是事后加上去的理由而已。不过，从这个借口中可以发现一个心理事实，那就是——男人拘泥于非处女不可的背后，隐藏着一个问题：男人对自己的各方面能力（尤其是在性能力方面）没有自信。男人拘泥于处女的第三个原因就在此。

为什么有的男人爱上母亲?

据澳大利亚广播公司报道，专家们认为，一般男性喜欢与像自己母亲的女人结婚，而这些女人往往智商不如自己，也就是说，男人喜欢自己的妻子不及自己聪明，所以成功的女人往往很难维持婚姻。

英国布里斯托尔、爱丁堡、阿伯丁和格拉斯哥大学的科学家们曾进行过一项调查，这一调查的结果正好验证了上述专家的观点。调查表明：事业成功的女人很难在家庭方面取得同等的成功。该调查测试了900名男女11岁时的智商，40年后追踪他们的生活过得如何。

调查发现，学校里最聪明的女生的婚姻不像她们男同学那样美满。被调查者当中，收入最高的88%的男性都结婚了，而收入最低的有80%结婚。相比之下，收入最高的82%的女性结婚，而收入最低的86%的女性结婚。

心理学杂志《人性与个性差异》针对这一调查称："研究发现，早年智商与结婚的可能性之间存在重要的联系，因为儿童时候形成的因素可能决定一个人成年以后的婚姻状况，从而影响到未来的健康和寿命。"

一个婚姻指导机构称，许多男人在聪明的女人面前有某种受压迫感。如果他们的父母关系是传统式的，即使他们性格懒散，他们也不得不做出巨大努力来形成童年时就看过的婚姻模式，"他们记忆中妈妈是一种居家'小女人'的形象，而爸爸在外打拼。婚姻对男人有好处。如果在婚姻中不感到压抑的话，他们实际上喜欢结婚。以上的数据也反映了社会的变化。过去，人们通过婚姻来表现社会地位，而如今越来越多的妇女选择不要孩子或者不结婚"。

为什么有的女人爱上父亲?

女人为什么有恋父情结？心理学家弗洛伊德发现，儿童的心理发展过程中普遍存有一种现象，即在3岁左右开始从与母亲的一体关系中分裂开来，把较大一部分情感投向与父亲的关系上。只不过男孩更爱母亲，而排斥和嫉恨父亲；女孩除爱母亲外，还把爱转向父亲，甚至要与母亲竞争而独占父亲，对母亲的爱又加进了恨的成分。这就是所谓的“俄狄浦斯情结”和“埃勒克特拉情结”。

这两个名字源于古希腊剧作家索福克勒斯的两部著名悲剧。前者主人公杀父娶母，后者主人公诱使其弟杀死了母亲，为父报仇，自己则终身未嫁。小女孩到了3岁左右，认识能力和独立性都有较大提高，达到一个转折点，意识里开始清晰地发现了父亲，就这样女儿打破了与母亲浑然一体的关系。这种情感和认识上的变化尽管处于朦胧的潜意识状态，但却明显地作用于孩子的情感和行为。这时女孩变得柔媚会撒娇，愿意与父亲接近，让父亲抱。

“恋父情结”是性心理障碍，亦称性心理倒错，即生理上已进入“潜伏期”或“成熟期”，而性心理却严重滞后，仍停留在“性器期”。这犹若蝌蚪变青蛙，变成了青蛙却仍留下蝌蚪时代的尾巴，不成熟。

“恋父情结”的害处是可能阻碍女孩长大后走近异性，走向婚恋。困于某种原因，即使走进婚恋，亦身在曹营心在汉，无法全身心地投入婚姻生活，因为她仍在深深地依恋着父亲，无法把感情从父亲身上转移到丈夫身上。

“恋父情结”的错误并不在少女们，而是爱出了问题。她们太想得到爱，但没有什么法子将爱挽留，于是集体选择了病态的手段。而那些没有得手的少女则变得歇斯底里，最终以各种悲剧收场。弗洛伊德认为，有恋父情结的人如果发展不利，一生都可能受其影响。

PART 4

怪诞心理学一箩筐

天才在左，疯子在右。这里有生活中最常见却最不正常的心理问题；这里有围绕身边最多见却最荒诞的行为怪癖；这里揭秘不被人注意却普遍存在的人性的优点和弱点；这里介绍了千奇百怪、形形色色的各种心理学趣味现象与常识……

为什么男女搭配干活不累?

经常有人调侃说:“男女搭配,干活不累。”这是一种异性相吸定律的表现。异性效应指的是因男女共同做事而引起的对活动起积极影响的微妙作用。

就像物理学中,磁场会产生同极相斥、异极相吸的作用。这种效应的对象既非特指夫妻,也不是指如开会、问路以及办公事等普通的男女接触,而是指在工作、学习和娱乐中,为加深了解而有比较多的接触与交流的异性。这种交往是男女双方自觉自愿为了事业进步、丰富人生和愉悦感情而进行的有益活动。

在共同活动中,与异性朋友接触时较易得到精神上的愉悦,接触得多了就会成为朋友。在与异性朋友同乐的过程中,会感到一种与同性朋友在一起所没有的自豪、满足与和谐。

就情感而言,女人通常细腻温和,富有同情心;而男人则情感热烈,意志坚强。

所谓“话很投机”,异性间在交流时总是感觉具有共同语言,能借助交谈慰藉双方的心灵。这种情感交流是很微妙的,也是在同性身上无法体会到的。

当然,异性的性格、需求与自己是不同的,如果想从和异性的交往过程中得到一种满足感,那就要学会理解异性、真正地尊重异性。

两性之间另外一个较大的区别就是思维方式:男性习惯线性思维,在未解决第一个问题时,他们通常不会去关注后面别的问题,因此就比较专注,习惯循序渐进;而女性则习惯并行思维,她们喜欢将几个问题放在一起来思考,尝试去解决所有问题,可谓是齐头并进。

为什么明星总是有那么多绯闻?

心理上学的晕轮效应又称“光环效应”“成见效应”“光圈效应”“日晕效应”“以点概面效应”，指的是在人际知觉中所形成的以点概面或以偏概全的主观印象。人们对于他人的认知判断首先是根据个人的好恶得出的，然后再从这个判断推论出认知对象的其他品质。如果认知对象被标明是“好”的，他就会被“好”的光圈笼罩着，并被赋予一切好的品质。这种强烈知觉的品质或特点，就像月亮形式的光环一样，向周围弥漫、扩散，从而掩盖了其他品质或特点，所以晕轮效应也形象地被称为光环效应。

晕轮效应最早是由美国著名心理学家爱德华·桑戴克于20世纪20年代提出的。他认为，人们对人的认知和判断往往只从局部出发，扩散而得出整体印象，也即常常以偏概全。一个人如果被标明是好的，他就会被一种积极肯定的光环笼罩，并被赋予一切都好的品质；如果一个人被标明是坏的，他就被一种消极否定的光环所笼罩，并被认为具有各种坏品质。这就好像刮风天气前夜月亮周围出现的圆环（月晕），其实，圆环不过是月亮光的扩大化而已。据此，桑戴克为这一心理现象起了一个恰如其分的名称“晕轮效应”，也称作“光环作用”。

通过上面的笑话，由此你也可以理解为什么明星总是有那么多绯闻了，我们总是对于媒体关于明星的丑闻爆料十分感兴趣，对此津津乐道，然而事实上，我们所看到的关于明星的形象都是媒体所展现给我们的那圈“月晕”，或许这些故事只是媒体的断章取义，与事实的真相相距十万八千里。

为什么嘈杂场所能听到自己名字?

在人声嘈杂的场所上，人们隔着几个人仍然能与某个人聊天，清楚地听到对方在说什么，但是对于身边的人的交谈内容却常常听不清楚，尤其是如果一个与你隔着很远的人正在叫你的名字，不论现场多么喧闹，你也能分辨出来，向声音的发出方望去。

在鸡尾酒会上，人们总是听到了自己想听的，这种现象被称为“鸡尾酒会效应”。

对于这一独特现象，可用美国心理学家特瑞斯曼的衰减模型来解释——当人的听觉注意集中于某一事物时，意识将一些无关声音刺激排除在外，而无意识却监察外界的刺激，一旦一些特殊的刺激与自己有关，就能立即引起人们的注意。这一效应也有心理学实验为证，实验者让被试戴上耳机，让他的两个耳朵听不同内容的东西，在听的过程中，让被试说出其中一个耳朵（追随耳）听到的内容。当摘下耳机后，则要求被试说出另一个耳朵（非追随耳）听到的内容。结果发现，被试一般都没听清楚非追随耳的内容，即使当原来使用的英文材料改用法文或德文呈现时，或者将材料内容颠倒时，受试者也很少能够发现。

实验表明，从追随耳进入的信息，受到了被试的注意，而从非追随耳进入的信息，被试则没有注意到。不过，如果在非追随耳的内容中加入受试者的名字，受试者则能清楚地听到——这也是为什么人们在嘈杂场所对自己的名字非常敏感的原因所在。

为什么有的人放假比上班还累?

七天长假，对于一些平时在高度紧张状态下工作的人群而言，未必是件舒心的事。尤其是外企、私企的白领工作者，突然闲下来无事可做，反而容易出现抑郁、失落、焦躁不安等不良情绪反应；而七天长假闲惯了，上班反而也不适应；有人在假期中暂时告别繁忙的工作，身心充分放松，然而假期过完，上班后却显得烦躁不安，无心工作，甚至失眠、胃口不佳。有些人外出旅游时，会出现失眠、胸闷、精神紧张等症状；有些人会因长时间乘坐飞机、火车、轮船而突然产生严重的精神障碍。

长假一结束，上班族纷纷回到单位，重新投入工作中。可不少人此时却感到精神萎靡不振、面黄肌瘦、心情烦躁、精力不集中、睡不好、吃不香，没有上班的激情，并伴有头疼、疲劳、瞌睡等种种不适，但身体并没有器质性病变。

专家称，这就是常困扰上班族的“假期综合征”。还有的人在长假尚未结束时，想到又要回到繁杂的工作中，就感到头疼、心烦乃至恐惧，这也是一种“假期综合征”。

职业人士的假期综合征，由于上班族在长假期间，打乱了正常的作息时间，破坏了饮食规律，人体各器官都超负荷运转，引起心理、生理功能紊乱。患上这种病会感觉浑身乏力、嗜睡、精力不集中、厌食、恐惧、孤独和出现头晕、口干舌燥、烦躁、腹痛腹泻等症状。

假期综合征最容易出现的症状有：疲惫、神经性厌食、工作恐慌症、孤独综合征和旅游遐想症。尽管在我们的想象中，假日，尤其是五一、十一这一类的长假应该是一年中最为快乐和休闲的时光，人们可以借此同家人和朋友团聚，调整一下紧张了长时间的神经和心情。但事实上，仍然有相当一部分人在假日，尤其是在长假里会感到忧郁、沮丧和孤独，他们甚至在假期结束之后的一段时间内仍为这类情感所控制。

为什么有的人一上班就感到恐惧？

随着现代社会竞争压力的增大，总有人在上班的第一天觉得哪里不对劲，工作仍然是那份工作，却觉得哪里都不对劲，看着一个假期积攒下来的工作，心情似乎特别烦躁。身体上也跟着闹起了别扭，瞌睡连连，永远也睡不醒。如果偶尔的对上班产生恐惧的心理，是正常的。但长期的一提到“上班”就充满了恐惧，甚至严重影响了工作和生活，那么你必须考虑是否患了“上班恐惧症”。

上班恐惧症也称为“星期一恐惧症”，是对上班或工作情境感到畏惧，而且越临近上班时间，这种畏惧情绪越强烈，心理紧张程度越高，忧虑越多。上班时会出现焦虑、恐惧的情绪，并伴有头痛腹痛、食欲不佳、全身无力等症状，不能马上进入正常的工作状态，许多人在心理上会本能地产生恐惧和焦虑情绪。

“上班恐惧症”的表现概括有两点：一是上班前不想上班，焦虑；二是上班第一天萎靡不振、烦躁。

对于普通人来说，经历了短暂的周末休息后，无论生理还是心理都有所放松，从休息状态再次恢复到上班状态，本能上来说是有所排斥的，需要一定时间适应和恢复工作状态。因此，星期一的焦虑状态有其必然性。再者几乎每周周一会是最忙碌的时间，一周之内的日程大多会在周一排出计划，而工作安排铺天盖地的周一则必然是最繁忙和身不由己的，这一天的压力也是最大的。周一的恐惧和焦虑其本质还是处于对工作造成的各种压力的恐惧。周末短暂的休息仍不足以化解职场人群的压力。工作压力的增加强化了现代人逃离岗位进行休息的渴望，深层次里透视着他们的焦虑感。

从个性来讲，患者多是性格比较内向、平时与社会接触较少、心理素质存在缺陷、在人际交往上存在一定问题的人。同时，他们考虑问题又比较多，放假后思想松弛使他们可以胡思乱想，从而影响了心理健康，如不及时疏导、治疗，必将对日后的工作表现产生不良影响，有的甚至可能会丧失很多好的工作机会。

为什么会出现“心灵感应”现象?

人与人之间真的有心灵感应这回事吗？我们所谓的“心有灵犀”“心灵相通”看似极其神秘和不可思议，而关于心灵感应的实验，自古一些心理学专家就致力于这方面的研究。

进行实验最多的，就要数双胞胎心灵感应实验了。因为很久以来，人们一直认为，双胞胎在身体形貌上有别人无法相比的近似度，他们在心灵上也一定存在着某种相近的东西，例如想法、愿望、观念等。所以，人们普遍认为，双胞胎之间是存在某种心灵感应的。

心理专家认为，这种感应包括心灵感应、转移疼痛感应以及感知对方身在何处。但此论断备受争议。

在很多影视剧作中，一些有关双胞胎之间心灵感应的故事屡见不鲜。例如，两个双胞胎兄弟或姐妹跨越时间、距离甚至生死，都会传递和保持着心灵相通的力量。这不能不说是一个奇迹。

为什么有的人会陷入工作狂状态?

提到工作狂，我们总会联想到：早上班，迟下班，整日整夜地工作，连星期天、节假日也不放过。对办公桌或客户，神气十足，有冲劲、有活力，可一旦停止了工作，就会精神颓萎，毫无生气。因为这样，很多人年纪轻轻就已经严重损毁自身健康，甚至还会发生猝死，这种情况在许多国家尤其是日本常被称为“过劳死”。

工作狂在人群中的比例日渐增多。他们不但热衷于工作，也唯有在工作中才能找到人生的乐趣。但是，如此狂热地投身于工作并不是他们的真正意愿。在他们心底，多半都有很多苦恼，或是对某些事持有强烈的不满，或是自身有很强烈的自卑意识。尤其值得注意的，是这些人的家庭生活往往存在着各种各样的矛盾，为了逃避或者忘却这些令人伤神的事，他们只好疯狂地投入工作，以减轻内心的痛苦。这种逃避现实的心态不断持续着，久而久之就会演化成一种习惯性逃避，尽管在不需要逃避的时候也逃避，这就是所谓工作狂的真面目和真正原因。

工作狂实际上属于一种心理变态，在各种大中小企业的低中级管理人员中较为常见。工作狂与对工作有热情者常常被人们混为一谈。但是这两者实际上有着本质上的差别：所谓工作狂，往往并不是真心热爱自己的工作，而且患者也很难从工作中得到快乐，只是拼命地工作以寻求某种心理上的解脱。此外，他们在工作中常常强迫自己做到尽善尽美，一旦出现问题或差错便羞愧难当、焦虑万分，同时却又拒绝他人的善意援助；而对工作热情者，则是出自内心热爱自己的工作，并且能够从工作中获得巨大乐趣，在工作出现失误时既不会怨天尤人，也不会懊恼不已，相反，却会有计划地修正目标或改正错误，同时也注意与同事和上司协调、配合，因而人际关系相对融洽。总括而言，尽管前者的工作量看起来要比后者大得多，但工作效率和工作质量都明显不如后者。

工作狂会给患者自身健康带来严重损害，可能导致患者对工作单位产生消极情绪或者导致患者身体与心理的疲劳和情绪紧张，以致工作能力下降、创造力下降、注意力不集中，从而严重地影响他们的工作效率和工作业绩。工作狂除了会影响到自身的健康外，还有可能导致工作单位的整体工作效率下降，对其单位产生极其不利的影响。因此，这一心理问题值得职场白领认真对待，并加以消除。

为什么有的人患有特定对象恐惧症?

没有明确理由地对特定物体感到恐惧，被称为特定对象恐惧症。大多数情况下，我们都患有一种或两种特定对象恐惧症，例如有的人害怕蛇，有的人害怕虫子，有的人害怕黑暗，有的人害怕锋利尖锐的物体等。

较为常见的特定对象恐惧症包括有恐高症、幽闭空间恐惧症（害怕乘坐电梯、地铁）、对身体损害的恐惧症（如血、打针、治牙）、动物恐惧症（害怕狗、蛇、老鼠和昆虫等）。除此之外，还有暗处恐惧（害怕黑暗、黑夜）、气流恐惧（害怕龙卷风、台风）、穿行恐惧（害怕穿过马路）、尖锋恐惧（害怕针、刀等）、灰尘恐惧；切割恐惧（害怕被割破或抓破的伤口）、男性恐惧（有的女人害怕男人，或害怕与男人发生性关系）、无限恐惧（害怕巨大的物体）、接触恐惧（害怕身体接触、被触摸）、废墟恐惧（害怕废墟）……

恐惧症会影响患者的社会和生活功能，一般患有特定对象恐惧症的患者往往会采取躲避的方式，减少自己的恐惧感。例如，恐高症患者尽量少登高、到高层建筑上去，就不会恐惧。

特定对象恐惧症是我们生活中最常见的心理障碍之一，患病的女性多于男性。

为什么有的人患有场所恐惧症?

有的人当进入一些特殊环境时会不由自主产生恐惧感。包括空旷的广场、拥挤的公共场所、封闭的环境等，如球场、商店、剧场、公路、电梯、公共汽车、火车等。这被称为场所恐惧症。

场所恐惧症患者总是担心在此场所中会昏倒、发作某种病症、失去控制，而又无法逃离现场。只要一处于恐惧环境之中，就出现害怕出事的感觉，不由自主想逃避，如若不能实现，就会心慌心跳、呼吸急促、出冷汗、头脑混乱、手足颤抖、肌肉抽动，甚至昏厥。但一离开恐惧环境，即可恢复正常。

场所恐惧症最常见的有幽闭空间恐惧症和广场恐惧症。

1.幽闭空间恐惧症

幽闭空间恐惧症属于恐惧症中较为常见的一种。是指一种对封闭空间出现恐惧心理的心理疾病，如在电梯里会出现恐惧，在车厢、飞机中出现恐惧心理等。还有的人不敢单独在一个密闭房间里，害怕到地下室、深层空间、害怕地窖、井等。

明知自己的恐惧与焦虑是过分的、没有必要的、不合理的，但却无法控制，从而影响正常的生活和工作，内心有痛苦感。恐惧发作时往往伴随有明显的植物神经症状。

2.广场恐惧症

广场恐惧症是指怕到公共场所或人多拥挤的地方，如商场购物；空旷的场所，如运动场、广场。广场恐惧症患者置身于这种环境，通常会引发恐慌症状。因此，广场恐惧症患者通常待在家里面，外出则感到困难。他们会在公共场合或者开阔的地方停留感到极端恐惧，因为他们会觉得要逃离这种地方是不可能的或者令人感到尴尬。

为什么有的人质对罪犯产生好感？

斯德哥尔摩症候群又称斯德哥尔摩综合征，是指犯罪的被害者对于犯罪者产生情感，甚至反过来帮助犯罪者的一种情结。这个情感造成被害人对加害人产生好感、依赖心。

西方心理学家这样解释斯德哥尔摩综合征：人质会对劫持者产

生一种心理上的依赖感。他们的生死操在劫持者手里，劫持者让他们活下来，他们便不胜感激。他们与劫持者共命运，把劫持者的前途当成自己的前途，把劫持者的安危视为自己的安危。于是，他们采取了“我们反对他们”的态度，把当局当成了敌人。

据心理学家的研究，情感上会依赖他人且容易受感动的人，若遇到类似的状况，很容易产生斯德哥尔摩综合征。

心理学家还指出，斯德哥尔摩综合征的产生需要具备四个条件：人质必须有真正感受到绑匪（加害者）威胁到自己的存活；在遭挟持过程中，人质必须体会出绑匪（加害者）可能略施小惠的举动；除了绑匪的单一看法之外，人质必须与所有其他观点隔离（通常得不到外界的讯息）；人质必须相信，要脱逃是不可能的。

在现实生活中，我们有时候会看到这样的场景，一个温良贤淑的妻子嫁了一个十分暴戾的丈夫，尽管这个丈夫对妻子总是施以家暴，但是妻子始终没有萌发离开丈夫的念头，一直陪伴在丈夫的身边。其实，这也是斯德哥尔摩综合征的一种表现，对于妻子而言，丈夫既是施暴者，又是爱的给予者，施暴后的给予反而让妻子爱上了丈夫。人们常说，爱情的产生是莫名其妙的，从某种意义来看，斯德哥尔摩综合征正支持了这一观点。

软妹子遇上女汉子怎么办?

不知从什么时候开始，“女汉子”一词逐渐流行开来。聚焦我们身边的女性群体，不禁感叹，“女汉子”真的越来越多了！如今，“爷、哥、哥们儿”之类专属男人的词汇也成为女汉子们的代名词。最著名的还要数名气响当当的“范爷”范冰冰。作为娱乐圈的典型代表，范冰冰拥有令无数女性“羡慕嫉妒恨”的美艳外表，但内心却如男人一样刚强。当年范爷一句“我不嫁豪门，因为我就是豪门”的爱情宣言不但让各路媒体瞠目结舌，也让那些对范爷的感情归宿非常执着的人落得个自讨没趣。所以，“范爷”堪称无所畏惧的女汉子。

实际上，“女汉子”一词由来已久，通常形容那些具有女性外表，但性格“很男人”的女子。在体貌特征上，一般弱化女性气质，而强化男性气质。

2013年，一组“最萌女汉子”的照片在网络上走红。照片上是一位俄罗斯美女，名叫朱丽娜·文斯，人称“金刚芭比”。17岁的她是一位健身爱好者。从身材相貌上看，叫人很难将眼前的景象与一位青春少女联系在一起。因为她有着女孩所有的精致细腻的面庞，但却长有一身男人般的发达肌肉，尤其是那一双结实的手臂和相当发达的肱二头肌，十分令人惊叹。此照经曝光后，引起无数网友纷纷转载并留言，人们对她的评价是“天使的面容，猛士的身材”。

与女汉子的特征相对的被称为“软妹子”。简单来说，“软妹子”就是我们普遍认可的“真女人”，她们具有女人味，举止穿戴女性化，会撒娇发嗲，会小鸟依人。

在男人的眼里，“软妹子”要比“女汉子”看上去更加“正常”，也更能引起他们的怜爱。

心理学研究认为，自称“女汉子”的原因有很多种，但很多都是受到外部环境影响而导致性格的改变。很多女生从小就习惯和男孩子一起玩，和男生称兄道弟，性格上便容易受到影响。另外，社会环境和生活现状也使女性的身心得到锻炼，她们的独立性更强，性格上也更加坚韧和勇敢。“女汉子”们往往认为，男生可以办得到的事自己也一定能够办到。她们会将性格里的男性气质充分表现出来，具有一种巾帼不让须眉的气势。

为什么有的人在公厕无法小便？

心理学上有一种病症叫，“害羞膀胱综合征”，又称“境遇性排尿障碍”。这种疾病的典型症状就是无法在公共场所的厕所里小便。只要有人在身边，即便只是听到声音都无法小便。情况严重者哪怕是在自己的家中，但只要家里有人，就无法小便。实际上，这并不是一种身体器官的器质性病变，而根本就是一种心理疾病。这类人在有人的场合小便时会过度紧张，引发焦虑的情绪，这样便使得膀胱周围的括约肌全部收缩，无法排出尿液。

据统计，在全美国大约有7%的人患有这种疾病，其中男性占多数。而这其中又有接近两百万人受到害羞膀胱综合征的严重困扰，他们的生活被疾病控制了，导致无法工作，无法出门，更谈不上旅行和更好的生活。

害羞膀胱综合征患者在公共场合都会选择憋尿，即便非常有尿意也宁愿憋着。从生理角度上来说，这增加了尿路感染的可能性。而一旦尿路感染，对身体的影响和折磨都是巨大的，更严重的还有，没有被及时排出的尿液参与到了身体的二次循环，更多的毒素被吸收到了肾脏部位，这就像主动让自己的肾脏在“吸毒”一样。

从心理角度上来说，因为长时间憋尿导致膀胱弹性减弱，会更容易产生尿意且憋不住，这对于害羞膀胱综合征患者来说，无异于恶性循环。

导致这种心理疾病的原因很多，但多半起于童年时期，尤其是在第二性征开始发育的那段时间。敏感的孩子对于自己身体上发生的变化并不是很清楚来龙去脉，一些看上去并不“好看”的改变可能会让他们陡然变得羞涩，这个时候，心态极易受到影响。

为什么童年创伤带来写作灵感?

童年是人生最重要的发展阶段，有的认知有很多都是来自于这个时候。所以才会有“三岁看老”的说法，童年对个人的气质、个性、思维方式等都有着极为深远的影响。

童年创伤更是对人的心里感官产生阻抗性影响，让人陷入沉思中。弗洛伊德曾说：“处在幸福中的人是不会想太多的，只有那些在痛苦处境中的人才会想太多，才会有深刻的思想，可以说出不痛快的经历是促使人思考的原动力。”而作品往往又是思想的结晶，因而说童年创伤是会带来创作灵感的。

张爱玲的作品中，母亲的形象大多是自私、冷漠甚至残酷的，有些甚至为了金钱而不顾亲情，如《金锁记》中的曹七巧；《倾城之恋》中的母亲认为女儿白流苏是个累赘；《花凋》中的郑夫人，女儿病重阶段，竟然没把自己的私房钱拿出来，使女儿的生命早早夭折了。这些作品中的母亲形象和灵感来源都与张爱玲少时经历有关。

幼年时，张母为躲避婚姻劳累而常年在海外留学，将年幼的女儿抛在家中。而张父原本就重男轻女，再加上对张母远走他乡的愤恨，所有扭曲的情感全部加诸在张爱玲身上，一直视张爱玲为累赘。

对于小小的张爱玲来说，母亲的离开对她的伤害是非常巨大的。再加上她自小敏感，因此孤僻、自闭在所难免。而又因为过度的孤僻，养成了她不近人情，外表虚伪冷漠的性情。

童年经历深深印在每个人身上，刻画在其性格以及气质上，对作家来说，那些不痛快的经历将会在内心深处成为其创作的灵感。诺贝尔文学奖获得者莫言，在其小说中随处可见有关于故乡的描写，有关于童年的描写，对此他曾说：“为什么我用这样的语言叙述这样的故事？因为我的写作是寻找失去的故乡，因为我童年生活的地方就是我的故乡。”在其访谈录中，也曾多次提到童年创伤，那些艰苦岁月带给他的伤痕，带给他的磨难，而这一切给予了他创作的灵感，构成了其创作的基石。

为什么名校盛产优秀毕业生?

英国心理学家德·波诺在《思维的训练》一书中提出了“拱道”的概念，他认为学校犹如一个拱道，名牌学校就会产生积极的“拱道效应”，即一批优秀人物走进拱道，从拱道里就会走出一批优秀毕业生。对于“拱道效应”，更学术化的解释就是——一种经过“拱道”而使人产生积极心理反应的现象。波诺认为，优秀人物在名校学习的过程中，拱道除了望着他们通过外，在塑造优秀人物方面，所起的作用非常微小。也就是说，名牌学校批量生产优秀毕业生，主要原因并不是学校为学生们提供了出色的教学内容和方式，而是由于名校为学生们设置了较高的进入门槛，加之名校的品牌效应，导致名牌学校招收的本来就是一些十分优秀的学生。这种理论确实有一定的逻辑，但也不能因此就完全抹杀名校对塑造优秀学生的作用，毕竟与普通学校相比，名牌学校还是为学生们提供了更有优势的教学资源。

能够成为名校的一员，对于学生而言，本来就是一件十分自豪的事情，于是他们在学习时便有巨大的动力，更加乐于积极地表现，以持续证明自己的优秀，在这个过程中，便发生了“拱道效应”。而那些沦入非名校的学生，由于对学校持有一种消极的态度，他们认为一旦自己进入这种普通学校，便难以有出头之日，于是他们对学习丧失了兴趣，只想得过且过。从某种意义上来说，一个学生到底会成为一个优秀的人物还是庸常之辈，并不取决于他就读于名牌学校还是普通学校，而是取决于他对学校的态度。一个人因步入普通学校便放弃了继续奋斗的勇气，这才是他难以成为优秀人才的最关键因素，而非他所就读的学校导致了他的失败。

为什么很多明星都演而优则唱?

在心理学领域，有一个名词叫作“迁移效应”，指的是先行学习对后继学习的影响，即已有知识和经验对解决新问题的影响，即通常所说的触类旁通、举一反三。比如，从棒球队员中选拔出一些成员参加高尔夫球集训，在短期内，这些学员就能取得较好的训练效果；让那些会英语的人去突击学习法语、德语或者西班牙语，与不会任何一门外语的人相比，他们更容易掌握第二外语——这是迁移效应中的“正效应”，即先行学习A促进了后继学习B的效应。当然，迁移效应也会以“负效应”的形式表现出来，如果来自日本的司机在美国开车，常常会困扰他们，甚至出现车祸，这主要是因为在日本是“车左、人右”，而在美国却恰好相反。

关于出现迁移效应的原因，心理学家给予了如下解释：

（1）形式训练说。该理论认为，学习的迁移是人的心灵官能受到训练而自动发展的结果。也就是通过某种学习使某种心灵官能得到训练，从而转移到其他学习上去，使其他学习更加容易。

（2）共同要素说。其观点是，只有当两种学习具有共同要素（相同或相似之处）时，才会产生迁移效应。

（3）概括化说。这种理论认为，能否发生迁移效应，关键在于学习主体对已有知识、经验的概括。概括力高，迁移效应就大，反之就小。

（4）学习定势说。这是苏联定势心理学派提出的一种迁移理论，该理论强调在学习中定势对迁移的影响作用。定势是关于活动方向选择方面的一种倾向，也是一种活动经验。

在演艺领域，表演与歌唱有很大的相通性，当一个成功的演员同时经营演唱事业时，多会开辟出一个新的天地，这便是迁移效应中的“正效应”发挥了效用。

为什么上级比下级更有话语权?

职场上常见这种现象：地位高的人所提意见、办法会被多数人认同、赞成，并执行，而地位低的人所提意见、办法，哪怕是正确的，或与地位高的人一模一样，而很少会被人认同、赞成，更不会去执行。这种现象便是心理学中的“地位效应”。

关于为什么会产生“地位效应”，有如下原因：

（1）地位高的人大多阅历较广，才智过人，对某个专业领域有较深的研究，这种个性和背景特质很容易使他们获得他人的崇拜，进而被视为真理的化身。

（2）地位高的人都在权力、名气或财富方面拥有较多的优势，正所谓“权大气粗、财大气粗、学大气粗”，一旦忤逆这些人，便会遭遇不安全感、失落感和恐惧感的袭击，为了避免这种恶性境遇的发生，很多人便屈从于位高者，也许他们并不真的赞成位高者的观点和做法。

（3）在信息持有量与质方面，位高者明显比位低者更有优势，位高者处于金字塔组织的最顶端，可以接触到整个组织的信息总量，这些信息又经智囊团的过滤细析，自然能得出最有价值的信息。而位低者处于“金字塔”组织的最底层，得到的信息十分有限，他们往往不得不依赖非正式渠道获取小道消息，获取信息的局限性自然导致他们的判断不如位高者更有见地，在话语的影响力方面，两者不可同日而语。

为什么升职的是能力差的员工？

诺思科特·帕金森是英国历史学博士，在哈佛大学任课。教学中他发现，在行政管理中，行政机构会像金字塔一样不断增多，行政人员会不断膨胀，每个人都很忙，但组织效率却越来越低下。这条法则，被称为“帕金森法则”。

帕金森具体阐述了机构人员膨胀的原因及后果：一个不称职的官员，可能有三条出路：第一是申请退职，把位子让给能干的人；第二是让一位能干的人来协助自己工作；第三是任用两个水平比自己更低的人当助手。

这第一条路是万万走不得的，因为那样会丧失许多权力；第二条路也不能走，因为那个能干的人会成为自己的对手；看来只有第三条路最适宜。于是，两个平庸的助手分担了他的工作，他自己则高高在上发号施令。两个助手既无能，也就上行下效，再为自己找两个无能的助手。如此类推，就形成了一个机构臃肿、人浮于事、相互扯皮、效率低下的领导体系。

帕金森法则深刻地揭示了行政权力扩张引发人浮于事、效率低下的“官场传染病”。权力的危机感，是产生帕金森现象的根源。一个既得权力的拥有者，假如存在着权力危机，不会轻易让出自己的权力，也不会轻易地给自己树立一个对手。在不妨害他人为前提的良心监督下，会选择两个不如自己的人作为助手，这种行为是卑鄙的，但却是无法谴责的。因为它并没有违反任何的规章制度，于是，帕金森法则充斥于社会的各个角落。

帕金森将自己的发现著书成文，在书中，详细揭示了六项职场潜规则：不能要太精明能干的下属；决定权在中间派的手里；议题涉及金额的大小与讨论的时间成反比；地位高的人不一定是酒会的关键人物；假装成“低能儿”才能在暗潮涌动的人事举荐中独领风骚；领导越功勋越卓著、在位时间越长，接班人越难有出头之日。

因此，这也可以理解这样一种残酷的现实——为什么升职的总是那些能力差的员工。

为什么普通人对权威深信不疑?

美国的心理学家曾经做过一个实验：在给某大学心理学系的学生们讲课时，向学生介绍一位从外校请来的德语教师，说这位德语教师是从德国来的著名化学家。实验中这位“化学家”像煞有介事地拿出了一个装有蒸馏水的瓶子，说这是他新发现的一种化学物质，有些气味，请在座的学生闻到气味时就举手，结果多数学生都举起了手。对于本来没有气味的蒸馏水，由于这位“权威”的心理学家的语言暗示而让多数学生都认为它有气味。

上面的实验中便凸显了权威效应，权威效应又称为权威暗示效应，是指一个人要是地位高，有威信，受人敬重，那他所说的话及所做的事就容易引起别人重视，并让他们相信其正确性，即“人微言轻，人贵言重”。

“权威效应”的普遍存在，首先是由于人们有“安全心理”，即人们总会认为权威人物掌握着真理，权威人物的判断、选择、行为都会更加正确，服从权威人物便会使自己具备安全感，不会在众人面前出丑。

再者，人们往往有获得认同和赞许的心理诉求，人们倾向于认为权威人物的要求和社会规范相一致，按照权威人物的要求去做，会获得其他人的认同，以致赢得他们的好感。

在日常生活中，“权威效应”随处可见，你打开电视，常会看见某个权威人物在大力地推荐某个商家的产品，你翻阅报纸，发现文章中常会出现某些权威机构和权威人物的名字，作者以此来佐证自己的观点，增强自己文章的说服力。

为什么有的人不承认亲人离世?

有些人在面对亲人突然离去的噩耗时，常常会告诉自己“这不是真的”，不愿意接受这个残忍的事实，而且如果其他人告诉他这一消息的话，他也会非常气愤，指责对方在臆造悲惨的事实。这种现象便是心理防御机制中的“否定”。

“否定”是一种比较原始而简单的防卫机制，其方法是借着扭曲个体在创伤情境下的想法、情感及感觉来逃避心理上的痛苦，或将不愉快的事件“否定”，当作它根本没有发生，来获取心理上暂时的安慰。“否定”与“压抑”极为相似，不过“否定”不是有目的地忘却，而是把不愉快的事情加以“否定”。

这种现象在现实生活中随处可见，比如，一个女子的婚姻因为第三者插足，她的丈夫毅然决然地离她而去，女子一直都非常爱自己的丈夫，但是当女子的朋友安慰她的时候，女子却做出一副无所谓的样子，她对朋友说：“离了婚更好，我终于又恢复了自由自在的单身生活了，反正这十多年的婚姻生活也让我受够了。”女子在面对丈夫的背叛时，她的内心其实是极为痛苦的，但是她并没有表现出丝毫的痛苦状，反而认为离婚对于自己是一件“好事”，完全扭曲了自己内心真实的感受——这种心理状况是“否定”的典型表现。

“否定”的另一个典型表现是，完全不承认某些悲惨事实的存在，比如有的人身患绝症后，偏执地认为这不是真的，完全不接受这一事实。

为什么大人会表现得像个小孩?

夫妻相处时，女人对付男人的杀手锏常常是“一哭二闹三上吊”，每当妻子使出这种招数，丈夫往往会不战而败。从人的发展过程来看，“一哭二闹三上吊”本是儿童的伎俩，但是某些成年人也照用不误，这种现象便是心理防御机制中的“退回”。

“退回”是指一个人在遭遇挫折时，表现出与其年龄所不相符的幼稚行为反应。比如，一个儿童本来已经养成了良好的生活习惯，但是母亲生了弟妹或者家中突遭变故时，而表现出出尿床、吸吮拇指、好哭、极端依赖等婴幼儿时期的行为。

退回行为不仅仅是小孩的专利，有时也会发生在大人身上。比如：当遇到意料之外的重大事情时，有的人会无意识地喊一句“妈呀”；有的夫妻发生冲突后，妻子便负气跑回自己父母的家中，向父母哭诉自己的遭遇；一个女子被丈夫所胁迫，丈夫强迫她在离婚协议书上签字，这名女子坐在地上，像四五岁的幼童般大哭大闹；一个初中生因为与同学关系恶劣，总是受到其他同学的取笑，为了逃避上学，他便用“肚子疼”“喉咙痛”等借口欺骗家人……上述种种行为都属于“退回”的行为。

当人长大成人后，本来应该运用成人世界的法则来处理事情，但是在某些特殊情况下，适当采取一些较幼稚的行为反应，并非总是具有负面意义的。比如，有的父亲趴在地上扮马扮牛给孩子骑，有的妻子向丈夫撒娇等，这种“倒退”，是以一种非常的方式来讨取他人的欢心，只要掌握在合情合理的范围内，反而会给平淡的生活增添很多情趣。

为什么关爱的背面是嫉妒?

当人的欲望和动机不为自己的意识或社会所接受时，唯恐自己会表现出来，便将这些欲望和动机压抑到潜意识，并在外显行为上表现出相反的行为，这种表现就是“反向”的心理防御机制。也就是说，采用“反向”行为的人所表现出的外在行为与他的内在动机是相反的。

在韩剧中，经常会有这样的情节：一个女孩因为自己的朋友比自己优秀，十分嫉妒对方，但是她明知自己的这种心理不会为外界所认可，便格外地表现出非常关心朋友的样子，尤其是在公开的场合，女孩的这种关心会表现得更为强烈，这种刻意为之的表现便是一种“反向”行为。不过，这并不能说明女孩对朋友的“嫉妒”已经被“关爱”取而代之。实际上，女孩的嫉妒心理仍然存在，只不过这种心理是带着“关爱”的面具示人罢了。

如果认真观察的话，可以发现真正的“关爱”与反向的“关爱”有着明显的区别。反向的“关爱”总是表现得十分夸张，具有明显的表演痕迹，就像古语中“此地无银三百两”的愚人一样，欲盖弥彰，有时候反而显现得格外不真实，暴露了自己的真实心迹。

为什么有的人以小人心度君子腹?

“投射”是心理学家弗洛伊德于1894年提出的概念，指的是人们将自己内心试图压抑的特点转移到别人身上的倾向。著名的罗夏墨迹测验便利用了投射理论，瑞士精神科医生、精神病学家罗夏利用墨渍图版来测知人们的内心世界。

投射是日常生活中常见的现象，即人们把自己的性格、态度、动机或欲望，“投射”到别人身上。心理学上的“投射”指的是个体将自己的某种罪恶念头、某种恶习，反向指斥别人也有这种念头或恶习；或者把自己所不能接受的性格、特征、态度、意念和欲望转移到别人身上，指责别人这种性格的恶劣性，并且批评他人这种态度和意念的不当。这种行为能够让我们把别人视为自己的“代罪羔羊”，从而使我们逃避本该面对的责任。

比如，一个男人对自己的下属有非分之想，当他某一天对下属做出不轨的行为后，反而认为是下属在故意色诱自己，自己因为经受不住下属的勾引才会一失足成千古恨。再举一个例子，一个人在朋友有难的时候，为了避免招惹麻烦便躲得远远的，对于自己的这种行为，这个人安慰自己说，如果现在有难的那一个是自己，朋友肯定跑得比自己还远，所以自己目前的行为非常正当，没有必要为此而自责。上述例子都是投射的表现，也就是人们平时所说的“以小人之心度君子之腹”，这种心理虽有助于个体远离自责和焦虑的行为，但它的负面影响远大于它的正面影响，这种行为会影响个体对事物做出正确判断，从而不易于个体客观地看待他人的动机和行为，影响人际关系的和谐。

为什么有的人从集中营里活着出来？

在日常生活中，很多人都借助幻想来获得心灵的满足，比如，一个职员被上级羞辱后，一时感到愤愤难平，便天马行空地想象自己有朝一日成了上级的领导，也让其百般受辱，甚至将其开除出公司；一个男人的女朋友为了嫁给一个有钱人而抛弃了他，他的自尊和情感受到了极大的伤害，于是男人便幻想自己会娶一个比前女友漂亮一千倍、富有一千倍的女人为妻，从而在自己臆想的世界里自得其乐。

美国临床心理学家弗兰克尔是意义治疗法的创立者，第二次世界大战期间，他曾经在集中营里待了4年之久，他发现从集中营里活着出来的人，与他们个人的身体素质并没有多大的关系，关键是他们对未来怀有美好的憧憬，他们沉醉于幻想中的美好愿景，借以让自己忍受住目前的苦难，最终等到重见光明的一天。所以，从某种角度来看，幻想可对个体产生正面的影响，有助于他们缓解内心的压力、纾解所承受的痛苦，运用信念的力量让自己度过那些苦痛的日子。不过，任何事物都具有两面性，幻想这种心理防御机制也不例外，如果一个人过度徜徉于自己的幻想世界，却很少针对现实采取具体活动，便会导致思维出现退化，难以从容地应对现实世界出现的各种问题。

为什么人们往往会追捧限量版物品?

“限量版”一直是时尚圈的热门词。所谓“限量版”，就是与常规版本在设计上有所不同，其次是限量销售。商家以追求利润为目标，销量越大，越能产生规模效应，降低单位产品成本，从而增加销售利润。那么，商家为什么要限量生产某些产品呢？这样岂不会影响利润回报吗？其实，这是“稀缺效应”使然。

所谓的“稀缺效应”，就是由“物以稀为贵”而引起的购买行为增多的现象。商家为了提高交易量，常会贴出“一次性大甩卖”“清仓大特价”的告示，这种宣传策略往往会导致客户蜂拥而至，纷纷抢着争买店里的商品。此种心理便来源于“稀缺效应”，人们认为如果此时没有购买，很可能以后便很难再买到了，于是争抢那些大甩卖的物品。

从某种意义上说，人们都不希望混同于大众，希望显示出自己在天地间的独一无二性，这便导致人们总是希望能够垄断某件十分喜欢的物品，从而提高自己的被关注度，也正因此，明星都会极力避免在隆重场合发生与其他人撞衫的现象，为了避免出现撞衫的尴尬，甚至会提前打探与自己同时出现的某个明星会穿什么衣服。此种心理便导致了稀缺效应的出现，人们总是乐于购买比较稀缺的物品，甚至情愿为它们支付高价。

为什么知名品牌都在专卖店销售？

一些定价较高的国内外知名品牌都会在专卖店销售，当然，选择在专卖店销售，无形中提高了产品的档次。那么，从消费者购买心理考虑，这种做法是否有更隐秘的含义呢？

在消费心理学中，有一个名词叫作“参考价格效应”，是指商品的价格相对于消费者认知的其他替代商品越高，消费者对价格就越敏感。反之，消费者则对价格不敏感。也就是说，一个商品是否能使消费者做出购买决策，其中的一个重要因素就是商品的相对价格，消费者更倾向于选择那些更加便宜的物品。

一般而言，缺乏购买经验的消费者由于对商品信息缺乏了解，在购买商品方面，他们通常会支付相对较高的价格。某些商家正利用了这一点，对于消费者缺乏消费经验的商品和服务，他们倾向于制定高价策略。比如，一些旅游景点的饭馆和娱乐场所，它们面临的价格压力往往要小得多，因为偶尔路过的游客对相关情况不十分了解，因此这些饭馆的价格往往要高于其他饭馆的价格。不过随着城市消费门户网站的兴起，由于人们可以从网上借鉴他人的消费体验，以致那些消费者缺乏消费经验的商品和服务所面对的价格压力也越来越大。

在百货商店和超市里，如果经销商将同类商品放在一起销售，消费者很容易对替代品的价格进行比较，这便导致价格较低的商品往往销量很大，而价格较高的产品的销量相对会小一些。正是因为这个原因，很多知名品牌的商品都选择在专卖店进行销售，以便尽可能控制消费者对替代品的认识。除了选择在专卖店销售外，一些经销商还选择其他方式降低消费者的参考价格效应，比如他们将价格较低的大众品牌放在货架中不起眼的地方，而将高价商品放在显眼的位置。

为什么会强忍着看完不喜欢的电影？

在电影发行方的强势宣传下，你终于对某一部电影动心了。这一天，你买好了电影票，兴致勃勃地坐在电影院中，等待着一场精彩电影的开播。然而10分钟后，你便发现这部电影乏味至极，虽然你看得昏昏欲睡，但是不愿意已花掉的购买电影票的钱打了水漂，于是你强忍着看完了这部内容、表演都十分垃圾的电影。为什么你会强忍着看完不喜欢的电影呢？半场离开不是更理性的选择吗？为了解释这种怪异的行为，我们需要对“沉没成本”做一些了解。

“沉没成本”是指由于过去的决策已经发生了的，而不能由现在或将来的任何决策改变的成本。人们在决定是否去做一件事情的时候，不仅是看这件事对自己有没有好处，而且也看过去是不是已经在这件事情上有过投入。这些已经发生的、不可收回的支出，如时间、金钱、精力等统称为“沉没成本”。

斯蒂格利茨教授是2001年诺贝尔经济学奖得主，他在《经济学》一书中说：“如果一项开支已经付出并且不管做出何种选择都不能收回，一个理性的人就会忽略它。”比如在前面提到的看电影的例子中，会有两种可能结果：入场后发觉电影不好看，但是在煎熬中看完整场电影；入场后发觉电影不好看，中途退场去做其他的事情。

在这两种情况下，你都无法收回购买电影票的钱，所以考虑沉没成本是于事无补的。如果你为买票这一行为而感到后悔，那么你当前的决定应该是基于你是否想继续看这部电影，而不是你为这部电影付了多少钱。此时的决定不应该考虑到买票的事，而应该以看免费电影的心态来做判断。故而，理性的选择为中途退场，否则你不仅花了冤枉钱，还要遭受冤枉罪。

然而，在面对沉没成本的时候，很多人都会做出非理性选择，这是因为他们对“浪费”资源感到担忧害怕，这种心理被称为“损失厌恶”，因而他们强迫自己看完一场十分乏味的电影，当采取这种行为后，便发生了“沉没成本谬误”。

为什么收入增长了仍然是月光族？

经济学中有一个叫作“棘轮效应”的概念，意思是指人的消费习惯形成之后具有不可逆性，易于向上调整，而很难向下调整。尤其是在短期内，消费更是不可逆的，人们的消费并不取决于他们此时的收入，而是由过去的高峰收入所决定。也就是说人们一旦形成高消费的习惯后，即使已经失去了享受高消费的经济条件，一时之间，也很难降低自己的消费标准，无法对自己目前经济环境妥协。

古典经济学家凯恩斯主张消费是可逆的，即绝对收入水平变动必然立即引起消费水平的变化。经济学家杜森贝却不这么想，他认为凯恩斯的观点并不符合实际情况，因为消费决策不可能是一种理想的计划，它还与人们的消费习惯紧密相关。这种消费习惯受许多因素影响，如生理和社会需要、个人的经历、个人经历的后果等。特别是个人在收入最高期所达到的消费标准对消费习惯的形成会产生很大的影响。很多工薪族都有这样的体验，收入为3000元的时候，为了应付生活的各项开支，自己沦为了可怜兮兮的“月光族”，但是当收入增长到8000元的时候，自己仍然月无存款，依然是可怜兮兮的“月光族”，从心理学的角度来看，这便是一种“棘轮效应”：消费与收入齐涨。

在科学人文领域，同样存在棘轮效应，即科学精英一旦因为自己的工作而获得某种承认与地位后，就再也不会退回到原来的地位，这就像有棘爪防止倒转的棘轮一样，他们将永远被赋予最高荣誉。

为什么巨奖获得者沦落为垃圾工?

2002年，26岁的英国男子迈克尔·卡罗尔还是一名一贫如洗的垃圾工，结果他因买彩票而中了970万英镑的巨额奖金，成了一个名副其实的富人。

然而，8年以后，当卡罗尔重新出现在人们面前时，已经完全不复当时那个瘦削羞涩的幸运儿的模样，变成了一个邋遢、不修边幅的胖子。此时，卡罗尔已经挥霍完毕了全部奖金，不得不重操旧业，成为一个垃圾工。

由于毫无规划地恶性挥霍，卡罗尔被誉为“最恶劣中奖者”。试想，如果当初这970万英镑不是因中奖得来的，而是卡罗尔通过努力工作获得的，他还会如此挥霍这笔巨款吗？很可能的答案是：不！为什么同样是钱，但是由于来源不同，人们处理钱财的手段也会不同呢？从心理学的角度来看，这是因为人们不自觉地把钱放入了不同的“心理账户”。

心理账户最早由芝加哥大学行为科学教授查德·塞勒所提出，指的是对于总体经济账户上的进出项记录，人们将它们记录到若干个不同的心理分录科目。也就是说，人们自发地对自己所获得的金钱分门别类，以致针对不同的类别采取了不同的态度。通俗地来说，即“将某笔账算到某件事情或者某个人的头上”。可以举这样一个例子，你这个月意外地获得了1000块钱的奖金，由于认为这是出乎意料的财富，你多会很快地将它们花光，比如花800块钱买一条心仪已久的领带。但是如果这1000块钱是以支付工资的方式获得的，你大概就不会这么大方了，也许会谨慎盘算一下如何花费它们。由于把1000块钱归类到了不同的心理账户，导致你的消费行为截然不同。

心理账户有三种情形：

一是将各期的收入或者各种不同方式的收入分在不同的账户中，不能相互填补；二是将不同来源的收入做不同的消费倾向；三是用不同的态度来对待不同数量的收入。

由于心理账户的存在，很多人在作决策时往往会违背一些简单的经济运算法则，从而做出许多非理性的消费行为。

例如，如果一个人偶然从股市上赚了很多钱，在随后的投资行为中，他便会采取风险更大的投资决策——这种冒进的行为常会导致投资者输掉大把的钱。

有些富商为什么要高调公开征婚?

很多富商名流们频频亮相拍卖市场，他们在拍卖会上一掷千金，一幅画作动辄以上千万美元的价位成交，在普通大众看来，这种行为非常不理性，然而这种非理性行为正是来源于购买者的炫耀性消费心理，因为凡·高、雷诺阿、毕加索等这些名字已经成为财富和品位的象征，富商名流们通过拥有名家的作品来显示自己的高人一等。

与重金购买艺术品一样，富商们在媒体上公开征婚的目的也通常并非为了如愿以偿地找到配偶，因为很少有某一个富商通过高调征婚而寻找到真爱的。从某种意义上说，富商的这种行为也是一种炫耀性消费，按照男权主义的逻辑，女人通常被视为男人的附庸，等同于男人的财产，能够拥有才貌双全的女子自然也是男人拥有财富和地位的象征，因此，所谓的“抱得美人归”与其说是真爱与共，还不如说是富商的另一宗炫耀性消费。

PART 5

欲望心理学说明书

欲望是产生痛苦的根源。人应该懂得并学会正确对待欲望，让它成为激励我们不断奋斗的动力，以及不断完善自我和超越自我人格价值的推动力，而不是成为它的奴隶，任它驱使，让贪婪的烈焰将自己吞没。任何一个人，哪怕他所接受的教育再高等，如果不能正确对待欲望，也会成为欲望的牺牲品。

为什么说欲望是天使也是魔鬼?

每一个人都有自己的欲望，而欲望随着人们的年龄、经历的不同还会发生变化。心理学家认为，欲望不仅可以促使人们进步，还可以促使整个社会向前发展。正是因为有了想要成功的欲望，所以才能促使人们为了达到目标或者得到自己想到的东西而努力。此时，欲望因为能够促使人们以及社会不断发展就是天使。然而，人们若是任由自己的欲望肆意发展，任其不断膨胀而不加控制，或者是为了满足自己的私欲而不择手段，那么此时，欲望就变成了魔鬼。因为欲壑难填，人们的欲望是没有底线的。倘若人们任由自己的欲望肆意发展，很有可能会为了达到自己的目的而肆意妄为，从而造成难以弥补的后果。

欲望对于人们来说既是天使，又是魔鬼。如果人们一味地被心底的欲望所俘虏，任由欲望肆意膨胀，甚至为了满足自己的欲望而不择手段，那么此时的欲望就成了魔鬼；如果人们对于心底的欲望始终保持一丝警惕心，不被欲望所控制，那么此时的欲望就能促使人们不断地为了目标而努力，可以说此时的欲望对于人们来说就是天使。所以说，要恰到好处地运用自己心底的欲望，对于欲望始终保持一丝警惕，这样才能发挥欲望的正面能量，让欲望变成天使，促使人们走上成功之路，过上更美的生活。

每个人都有欲望，但不是所有人都会被欲望牵着鼻子走。这就要看一个人对欲望的控制能力。如果控制得好，他会让人有一个虽算不得很完美、很成功的人生，但也绝不会差到身陷牢狱之中的命运；而如果不对欲望加以控制，人生必将陷于糟糕的境地。

为什么父母越反对越想要在一起?

心理学家曾经对140对科罗拉多青年男女进行了研究。结果发现，虽然父母的干涉会给他们带来一些问题，比如他们会以更为苛刻的态度来要求对方，会更多指责对方的负面行为，但与此同时，遭遇干涉的年轻人相爱的程度也会明显加深，他们走到一起的欲望也会更为强烈。科学家在研究过程中还发现，每当父母对孩子的感情加强干涉时，孩子的爱情体验会越来越强烈，而一旦这种干涉强度减弱，孩子们之间的浪漫感情也会随之降温。心理学家德斯考尔也做过类似的研究。他发现，在一定范围内，父母或者长辈对儿女或者晚辈感情的干涉，只会加剧这对恋人的感情。也就是说，如果出现干扰这对恋人爱情关系的外在力量，恋爱双方的情感会因此而变得更为强烈，恋爱关系也更为坚实。但最终，不顾压力走到一起的两个人往往是以悲剧收场。这种心理现象就是人们所谓的罗密欧与朱丽叶效应。

之所以会出现罗密欧与朱丽叶效应，一方面是由于每个人都希望自己能够独立自主，而不愿意事事听从他人的意见，或者接受他人的控制。一旦他人代替自己做出选择，并强迫自己接受这种选择的情况发生，人们就会感觉自己的自主权受到了威胁，从而从心底产生一种强烈的抵抗情绪。这种抵抗情绪的表现，一是对被迫选择的事物更加排斥，二是对被迫失去的事物更为喜欢。

为什么东西越稀缺人们越想得到?

在人类进化的过程中，经常会遇到物资短缺的情况，而人类天生就具有占有欲，因此，越是稀缺的物质就越是容易引起人们对其占有的欲望，致使这样的物质的价值得以提升。事实上，几乎所有人都会在某种程度上受到物以稀为贵心理的影响，比如收藏家们对棒球卡、古董或者其他稀奇古怪物品的收藏，就源于这种心理。也正是因为有这种心理现象的存在，当一样东西已经很稀少或者出现稀少的趋势时，它的价值就会很高或者价格正在升高。与稀缺的珍贵物品相比，有一种“珍贵的错误”的现象则更耐人寻味。

有时候，带有瑕疵的东西，比如印刷错误的钱币或者模糊的邮票等，反而比没有瑕疵时更具价值。因此，尽管按人体结构来说，每个人只有两只眼睛，从审美角度上来说，3只眼睛也不太美观，但人们仍然对有3只眼睛的华盛顿邮票趋之若鹜。正是因为这种错误的邮票不是很常见，本来错误会导致邮票成为弃置垃圾箱的东西，但同样也正是因为这种不常见的错误使得这种邮票变得尤为珍贵。

为什么欲擒故纵的手段总能奏效？

有时候，如果人们想得到某样东西或者达成某个目标，他们并不是强行地去夺取或者盲目将自己的意图展示出来，相反，他们会采取一种满不在乎的态度，纵容事件的发生发展，而且通过这样的策略，人们往往能够达成心愿。心理分析专家认为，由于人是充满欲望的，而且这种欲望无止境，因此贪婪便会使一个人成为被他人套牢的诱饵。所以，有时候，人们往往会利用人类贪婪的心理，让对方递增式占便宜。在此过程中，对方的防备心理会逐渐减弱，而不断加大的回报比对其欲望又是一种强烈的刺激。最终，顺理成章地让自己达成所愿。

欲擒故纵往往都能够达到人们所期许的结果。而究其原因，正是因为人们巧妙利用了逆反心理，通过顺应对方心理的方法来使对方意识到自己在认知方面存在的一些问题，并主动使情绪或者事情向着人们期许的方向发展。

欲擒故纵，就是欲取先给。就像一个垂钓者，想要钓上大鱼，必须下足够的诱饵，让鱼儿在一次一次地尝到甜头后，忘记了眼前深藏的危险。其实，就是给予对方一定的放纵机会，然后耐心等待，再一下将其擒住。

嫁给七旬老头是爱情还是欲望使然?

有不少妙龄少女在选择她们的人生伴侣时，没有选择那些与自己年龄相仿的青年男子，而是选择了那些与自己的年龄悬殊的男人。由于这种现象不仅仅是出现在一两个人的身上，而是出现在不少人的身上，所以这一现象在引起了社会上很多人议论纷纷的同时，也引起了不少社会学家和心理学家的广泛关注。

对于这种从人的年龄上来看极不对称的婚姻现象，美国著名心理学家班杜拉认为，由于每个人内心的需求不同，所以无论是男性还是女性，他们都有自己的择偶标准，所以无论他们选择什么年龄或是什么性格的人来作为自己的终生伴侣，从心理学的角度来分析都是正确的。因为他们的这种选择都是为了满足自我情感的需求，换句话说，他们之所以敢于做出这种选择，事实上就是为了完成自己的一种内心的欲望。这是因为，在班杜拉教授看来，人类的情感需求同样是一种欲望，只不过相对于人类对物质的欲望而言，人类的情感表现方式往往十分隐蔽，它属于一种人类的内心活动，事先并没有什么征兆，所以一旦表现出来往往会给人一种突兀和不能理解的感受。然而事实上，无论是情感需求还是物质需求都源于人类的欲望。

从班杜拉的观点出发，再去看妙龄少女嫁给七旬老头这一社会现象，事实上就简单多了。一个人，无论是男人还是女人，当他们成为成年人之后，自己的价值观、人生观就会形成，然而其人生观与价值观的形成往往是和这个人童年时的某些经历，以及他成长的家庭环境、社会环境和教育环境有着很大关系的。而一个人的价值观一旦形成了，那么势必会影响到其人生观的取向，同时自然也会影响到他对待婚姻的看法。值得注意的一点是，一个人在对待婚姻与爱情时的取向，有时候会显得较为特别，因为这和一个人成长过程中的家庭环境有着很大的关系。比如一个幼年便失去父亲的单亲家庭中，作为这个家庭中的子女在选择自己的人生伴侣的时候，尤其是女孩子，往往就会偏重于那种年龄偏长的，或是比较成熟的男性作为伴侣。因为她们从小没有得到过父爱，所以从心理上对父爱有着一种外人无法体会的期盼与渴望，而这一类型的妙龄少女如果嫁给一位七旬老者也不足为怪。虽然这会让外人很难理解和感到不可思议，但是对当事人而言，这正是她们内心对父爱渴望所致。这类女孩的外在表现可能会十分坚强，但她们的心理往往是十分脆弱的，所以她们往往希望自己未来的另一半是成熟的男人。

到底是嫁给他的人还是嫁给他的钱？

人们对物质生活的要求越来越高，这使得那些青年男女在选择自己的恋人时不再仅仅是出于一种情感上的欲求。比如，在一对男女刚刚见面的时候，对于男方而言，在意的首先是女方的长相，其次才是女方的谈吐和学识等综合方面的素质。也就是说，男方对女方的第一印象往往会局限于女方的外表，并以此为心理基础去进一步发现或了解对方；而女方往往会对男方的长相，比如是否高大，行事是否大方，家庭是否有一定的经济基础进行考量。心理学家认为，这是一种基于现实需求的惯常思维。但是，由于社会上的攀比之心加重，加上人们对物质的要求越来越高，这也不同程度地滋生了女方好吃懒做的情性，以致很多女孩在寻找自己的“梦中情人”时往往会考虑到对方的经济实力，更有甚者在物欲心理的膨胀下会完全为对方所拥有的财富而放弃自我，把婚姻看作是一种买卖，为了得到对方所拥有的钱财而不惜降低自己对爱情的要求。虽然这样的婚姻幸福度可想而知，但毋庸置疑的是，这种婚姻在现实中却有很多。由此可见，金钱和财富可以成为替代爱情的婚姻筹码。

从这个角度看，爱情已经远远不是两个人单纯的情感问题了，而是一种带着对物质的某种欲望的需求，也是掺到爱情世界里的一根根杂草，使得原本纯真的爱情发生了霉变。但是如果站在婚姻的立场上来看，往往这种看似不太纯的爱情都很稳定，这是因为，爱情需要“面包”。当爱情过于纯粹时，一旦爱情的双方步入婚姻的殿堂，当爱情在婚姻里渐渐褪色之后，人身上那种对物质的本能需求和欲望就会突显出来。所以说，往爱情里适度地掺一些杂草并不会起到不好的作用，当然如果爱情里的杂草太多也会起到相反的作用，使爱情变为了纯粹意义上的婚姻，也就没有什么情感可言了。

为什么有的人会产生性幻想?

心理学上对“性幻想”是这样定义的：人在进入意识松散状态后逐渐专注于带有性色彩的想象，称为性幻想。简单来说，指在特定因素的诱导下，人的内心产生与性交内容有关的心理活动过程。

性幻想是性成熟过程中的一种正常的心理现象。当人在性发育成熟后，会对异性产生爱慕之情，当这种爱慕之情十分强烈，同时受道德和法律的约束而无法满足性行为的目的时，就会通过性幻想的方式使性冲动得以宣泄。

性幻想的过程具体来说是这样的：经各种途径获得的有关性行为的记忆在头脑中进行加工，按自己的愿望不受限制地进行虚构想象，与现实中爱慕的异性或是理想中的异性进行性行为，例如约会、拥抱、接吻甚至性交，并从中体验到一种性的满足，偶尔也可以出现生理上的性兴奋，达到性高潮，有时还会伴有性自慰。

偶尔出现性幻想并无不良后果，但频繁的性幻想可能导致现实中的越轨行为甚至犯罪。据调查，青少年中普遍存在性幻想，通过性幻想缓解性紧张和性焦虑。但如果经常沉溺其中不能自拔，势必影响学习和生活，给身心带来不良影响。

性欲是人的一种正常的生理和心理需求，在符合社会规范的情况下发生性交、手淫和其他健康的性行为是正常行为。性幻想可以说是大脑的一种自慰表现，仅仅是为了通过性幻想而获得一些满足，无须治疗。但若对此过分依赖，形成癖好，则被视为病态，如幻淫癖、梦淫癖，这时就需要进行心理治疗和调适。

为什么渴望被爱是一种病态？

马斯洛五种需要认为，一个人的生理需要如果得到了相对充分的满足，那么，他就会产生安全需要，包括安全、稳定、依赖，免受恐吓、焦躁与混乱的折磨。而作为需要层次理论重要内容之一的归属与爱的需要告诉我们，人人需要爱与被爱。在这个时候，一个人会强烈地感到缺乏朋友，缺少一个爱人，会渴望与人建立一种感情深厚的关系，渴望在他人心中拥有自己的位置，渴望归属感以及爱与被爱的感觉。

当这种归属与爱的需求达到一定程度甚至发展为异常心理时，我们将它视为病态地渴望被爱心理。某个人一旦陷入病态的渴望被爱，就会处在一种既无力去爱，又极其需要得到他人之爱的困境中。在病态的爱中，不会去追求爱的感受，而是仅仅为了获得安全感。病态之爱很容易令人产生爱的错觉。

病态渴望被爱的人，选择爱的对象时，不考虑对方的性格、个性、局限、需要、愿望和发展，会不顾一切地紧紧抓住对方不放，将对方视为自己的救命稻草，而不会考虑对方是否爱自己。

病态渴望被爱的人，会体贴对方，不惜牺牲个人，不惜一切代价。他们完全意识不到这是一种爱的错觉，反而会千方百计地牢牢抓紧这种爱。他们从不认为自己是缺乏爱的能力，但是对陷入需要得到他人爱的感情困境无法自拔又无能为力。

病态渴望被爱的人渴望爱，但却不能真正接受爱，不相信爱，对它表示怀疑和恐惧。病态渴望被爱的人希望被所有人喜欢。

渴望从爱中获得安全感的女人，不加选择地追求任何男人，不断开始爱情，又不断结束，只希望有男人在身边就行，但对他们中任意一个都不喜欢。

为什么有的人会有情感饥渴症?

情感饥渴症是用来描述一种对爱情极度渴望而又无法获得满足的症状。有这种情感障碍的人有点像嗜酒者那样没完没了地追求所谓的新爱，甚至可以冒家庭破碎的风险，去追求爱情的刺激。

当人有了空虚寂寞感，便容易产生情感的新渴求，如果这种渴求处理不当，便会发展成一种强烈的、不理性的情感，甚至会变成一种疯狂的情感需要，不顾一切地追求不切实际的浪漫爱情。而这种爱情往往以悲剧收场。

很多离异的男女或者长期分居的男女，在经历长期独居生活时，内心往往有一个巨大的空缺，这就是情感饥渴。它是用来描述一种对爱情、对人的正常的情感极度渴望而又无法获得满足的一种症状。婚恋专家发现，情感饥渴症最易发生在步入中年的男女身上，而男性发生情感饥渴症的概率要高于女性。

为什么有的人会有被爱妄想症？

幻想自己“被爱”也是一种病态，称为被爱妄想症。

30岁的Angel在谈到自己的感情经历这样说：“对方向我示爱，写情诗，唱情歌。因为我已经结婚，我不会跟丈夫说这些事情，但是自己心里觉得很开心，情绪很高涨。”Angel说，面对分手多年的前男友的猛烈追求，终于决定同结婚8年的老公离婚。“我以为他叫我跟丈夫离婚，之后跟我结婚。”但是事实原来是这样的：“我先生后来致电给那个男人，其实有这个人，不过对方不喜欢我。事发至今只有我致电给他，以及发短信给他，他没有回复。如果我在报纸看见‘I miss you’的句子，我会以为是他给我的回复。”精神科医生证实Angel患上了被爱妄想症。

被爱妄想症其实比较罕见，患者发病期间会误以为自己正在跟某人恋爱，但在现实中根本没有这件事发生，甚至没有这个人的存在。患上被爱妄想症的人，除了认定“妄想的对象”是深爱自己之外，还会做出一些纠缠对方的行为。如写信、发电邮、打电话给对方，甚至去对方所在的城市、住所或工作单位寻找。

虽然患者做出这些异常的行为，通常都得不到对方任何回应，甚至遭到对方拒绝，但仍然会认为自己和对方正处于恋爱中，并且妄想自己正被对方所爱。

为什么有的人会有网络婚恋者?

除色情、暴力和网络沉迷（网瘾）外，网络婚恋已成为一种新的性心理障碍。痴迷网络婚恋的人，会沉迷于网络中的虚拟“异性”（也可能是同性），其性渴望和性想象在与网络“异性”交往中获得满足。网络婚恋不以追求真实情感和现实婚姻生活为目的，在爱情和组建家庭上是虚拟的。双方除通过网络手段进行联系沟通外，一般不再进行现实生活中的接触（如见面）交流，也不想去了解对方真实的婚姻情感状态。

网络婚恋与通过网络为媒介进行恋爱而以追求现实的婚姻为目的的网恋不同。网络婚恋者对现实中的异性并不感兴趣，甚至厌倦。一些网络婚恋者在现实中很可能是已婚者。

网络婚恋的形成与个人特质、成长环境和社会文化有关，这类人常伴有内向或自闭，不愿与人交往，特别不愿与同龄异性交往。在现实生活中，婚姻情感生活坎坷，甚至受到过严重的心理创伤，便通过网络婚恋的方式来逃避现实婚姻和爱情。

另外，对现实婚姻的恐惧和厌恶会让网络婚恋者失去对美好情感的信心和勇气，转而对虚拟的非真实的婚姻生活的向往，这种精神上的柏拉图式恋情和虚拟婚姻会让他们感到满足。

为什么有“酒后乱性”的说法?

人们喝酒后就好像戴了一副眼镜似的，看人时会觉得对方更加性感迷人，这种现象便是“啤酒眼镜”效应。昏暗的酒吧总是与暧昧和情爱联系在一起，人们喝了几杯酒以后，望着周围的异性会觉得十分漂亮迷人，即使是平常姿色的女人也会让人觉得楚楚动人，这时便发生了“啤酒眼镜”效应。

英国布里斯托尔大学的研究人员对“啤酒眼镜”效应做了测试实验，他们发现男人在喝酒后的“啤酒眼镜”效应可持续24小时，即在喝酒后24小时里都会觉得女人更有魅力。

研究人员解释道，之所以会出现“啤酒眼镜”效应，是因为大脑中负责评估面孔吸引力的伏隔核受到了酒精的刺激，让喝酒人对面孔魅力的判断出现了错觉。

曼彻斯特大学临床视光学教授埃弗龙对1000名交友会员进行了研究，得出了“啤酒眼镜”效应的方程式：当中An代表饮了多少杯啤酒，S指室内烟雾弥漫程度（1为最清楚，10为极度迷蒙），L则是对象身处位置光度（1为伸手不见五指，150为正常室内光线），V代表本身的斯内伦（Snellen）视力敏锐度（6/6为正常，6/12为仅能驾车的视力），D是跟对象距离，将这些因素代入方程式内，就可算出“啤酒眼镜”效应影响到底有多大。

“啤酒眼镜”效应方程式显示，如果一名视力很差的人在烟雾弥漫的酒吧跟另一人攀谈，“啤酒眼镜”对他的影响，就相当于他喝了8杯啤酒置身于没有烟雾、光线充足的地方。

在现实生活中，酒精常被恋爱男女视为感情的助燃剂，即使那些平时彼此之间并没有爱意的男女，当他们双双酒酣耳热后，也有时候会情不自禁地宽衣解带做出越轨的事情——除了彼此的自制力较差以外，根本的原因便在于酒精让他们对面前的伙伴出现了不切实际的美好幻想。

为什么酒吧打烊有助增加魅力?

对于城市男女而言，深夜在酒吧流连近似于一个狩猎的游戏，他们摇动着手里的酒杯，眼睛四处搜索，寻找让自己心动的异性伴侣。有的人在酒吧尚未打烊的时候便找到了与自己一拍即合的伙伴，有的人却直到将要打烊的时候，仍然形单影只，没有找到一个让自己十分满意的“猎物”。随着酒吧关门时间的临近，对于那些可能注定要独自一人的孤身男女而言，他们便会觉得酒吧里剩余的某个异性越来越有吸引力。

通常来说，酒吧里那些还没有找到对象的人对认为可选择的异性比刚来的时候更加迷人，这便是所谓的“打烊效应”。

“打烊效应”与人们喝不喝酒没有多大的关系，多是源于这样一种心理：对于那些以寻找“猎物”为目标的男女而言，眼看着酒吧马上就要关门，自己可选择的异性越来越少，而他们又不愿意忍受一个人的孤单，为了平衡内心的失落，他们便会不自觉地喜欢剩余异性中的某一个，认为对方十分有魅力。

爱情故事同样有“打烊效应”，比如，一个女子在她28岁的时候，生命中出现了一个执着的追求者，女子对于这个追求者不屑一顾，结果女子30岁的时候，依旧是孑然一人，没有遇到合适的结婚对象，此时女子回看曾经的追求者，便会觉得其实对方是一个不错的老公人选，只是因为当初慧眼失察，才导致自己错过了锦绣良缘。

为什么年轻男女爱在野外车震?

有影评家说：“对年轻女子而言，汽车是要抛弃处女膜所用的床。”因为，汽车只是属于他们二人的空间，而且其隐秘性也不差，何况汽车可以任意移动，所以难免会刺激年轻人的性冲动。在汽车中可以给予女人相当的安全感，进而让她在无形中放开了心胸，并且难免会陶醉在仿如依偎于对方怀中的浪漫气氛里，而情不自禁。

当汽车所含有的非日常性和夜晚的非日常性组合在一起的时候，汽车俨然成为会移动的“双人床”了。因为，在夜晚兜风的话，一者目的意识变得比较淡薄，二者看不到四周的景物，而在黑暗的小空间里（汽车），孤独感会使二人变得更亲近，很快就会建立起“只属于两个人的”甜蜜世界。

PART 6

梦境与心理全揭秘

了解梦，了解自己，了解他人。

所谓解梦就是算命吗？

大多数人认为解梦就是用梦来算命，这种理解是浅层次的，会忽视梦的暗示。那么，梦到底有什么深层的暗示呢？

弗洛伊德认为，梦不是人们混沌、荒诞意识的产物，而是由高度错综复杂的智慧活动所产生的一种有意识的精神现象，是一种清醒状态下精神活动的延续，有利于某种愿望的实现；梦是人内心深处的心理矛盾、欲望和情绪的虚拟、象征性的反映，可以满足人在现实中无法或暂时无法满足的某种渴望，如此可以维持心理平衡，保证睡眠质量。

弗洛伊德就曾多次以自己为对象进行梦的实验研究。比如，他故意吃很咸的食物、喝很少的水，在口渴的状态下入眠后他梦见自己痛饮甘泉。他得出结论，梦中喝水可以缓解口渴，这样他就不必非得醒来，从而保证了睡眠质量。再比如，他平时早睡早起，有时故意晚上工作到深夜，这样早上就会贪睡。结果到了早上，他梦见自己起床梳洗。他认为，这样自己心理上就有了交代，可以心安理得地继续睡下去。

梦有简单和复杂之分，儿童的心理比较单纯，做的梦也比较简单。但梦在本质上都是愿望的达成，无论是简单还是复杂。弗洛伊德之后，很多心理学家做了大量的实验，对他的理论进行了补充和完善。有的心理学家认为，梦可以预言将来。尽管自古至今有很多关于解梦的理论，但梦的奥秘迄今尚未被充分揭示，它仍然在吸引着许多人去探索。

什么是预知的梦境?

一位女士梦见自己在某商店门口遇到从前的家庭医师，而巧合的是，第二天早上她出去逛街，真的就在那个商店门口遇见了他。她将自己的“预知之梦”告诉了弗洛伊德。弗洛伊德详细查问，发现这位女病人早上起床之后，并没有想起自己昨晚的梦，只是在遇到老医师之时，才认为自己昨夜曾梦到过这次相遇。原来这位女病人多年前在医师家里认识了某位男士，两人一见钟情，一直来往了很多年。而就在做梦的前一天晚上，她等他到深夜，可他却没有来。弗洛伊德说：“我很快就了解，这个梦的意思是说：‘啊，医师，你让我想起了旧日时光，那时他多看重和我的约会，我从不会白等。’”

上例中的女士，对旧日美好时光的熟悉感，在遇到老医师时一下子浮现，想“重温旧梦”的念头“转移”成她在梦中与老医师相遇的想法。

真的会梦里似曾相识?

许多人有过这样的经历，到一个全新地方却感觉异常熟悉，仿佛曾在这里生活过很久。这一现象在心理学上称为“曾经到过”。著名的分析心理学创始人荣格对于“曾经到过”现象做出这样的解释，他认为，我们的大脑在记忆环境、建筑和地点等没有生命的物体方面与记忆一个人是不同的。因为环境具有三维空间的特征，在脑海中会留下强烈的画面感。

不但现实中的某个地点、某个场景让我们有一种熟悉感，似曾相识，有很多时候我们对某个人也会有一种莫名其妙的熟悉感，即使不相识，也觉得这个人好像在哪里见过一样。

许多有“似曾相识”体验的人认为自己的感觉来源于梦境。尽管大部分梦境都被我们遗忘，但是这些被遗忘的梦境很可能会跳过我们的短期记忆，而进入深层的长期记忆。这样，当现实中出现似曾相识的情景时，那些被遗忘的梦境就从深层记忆中被唤醒，从而使现实情境与梦境相重叠，让我们感到似曾相识。

很多人因为这种梦境的似曾相识感而觉得自己拥有“先知”和“预言”等特异功能，当这种感觉异常频繁及强烈时，还会通过占卜的方法去破译梦境。

关于梦境的似曾相识感，不同领域的专业研究人员有着不同的解释。神经科专家认为，我们的大脑时刻在进行潜意识活动，虚构出各种情景，现实中遇到相似情景时很容易就会与虚构的记忆相呼应，因此梦境中的似曾相识可能只是一种幻象。还有的人认为，“似曾相识”是由记忆错误造成的，大脑中的记忆缓存区先暂存记忆，在存储时发生了错误，以为眼前事物就是历史记忆库中的，在大脑疲劳时往往会产生这样的错觉。

梦是不是来自潜意识？

一位先生与一位小姐经人介绍，见面相亲，彼此印象良好。见面后当晚，先生做了一个梦，梦见那位小姐和他结婚后给他戴了“绿帽子”，还独吞了他的财产，将他赶出家门。惊醒之后，他不停地责备自己疑神疑鬼，并且努力忘掉这个梦。后来，他和那位小姐成为了恋人，一段时间后结婚了。结婚两年后，他妻子真的在外面找了个情人，还要求和他离婚，并将他赶出家门。心理学家分析认为，这个梦其实来自于这位先生潜意识的洞察力。他们初次见面时，先生就对这位小姐有一种水性杨花的直觉，但小姐的外在形象却又给先生留下非常良好的印象，于是他压抑了自己的“疑心”。可被压抑的直觉和疑心在睡梦中可以大肆活动，从而产生了这样的梦。

上面的例子说明，有时候梦可能来自于人的潜意识的洞察力。而这种洞察力可能来源于生理洞察力或心理洞察力。

梦的解析是怎么回事?

梦通常被认为是清白无邪的，甚至对于梦总是有一番美好的描述，什么美梦成真、梦想事成等等。但弗洛伊德认为，梦是一个人无意识的外在包装，很好很美妙，但其实简单地说，梦就是披着羊皮的狼。或者说，梦就像是一个长相普通的女士，化好了妆再拍的漂亮写真。弗洛伊德还认为，梦不是偶然的，而是内心被压抑的愿望通过伪装而登场。这种内心被压抑的愿望通常在人的潜意识范围内，而潜意识好比“情感垃圾站”。在成长过程中，你的意识把那些不符合现实原则和不被道德意识允许的本能或者一些非理性的欲望都投进了潜意识的“情感垃圾站”。当你在睡梦过程中，你的意识箱盖力量减弱了很多，这些“情感垃圾站”的潜意识便活跃了起来。而梦的解析就是要尽可能地将原始的无意识脱离出来的过程。

在心理电影《最后的分析》中，精神分析师让病人躺在床上，闭上眼睛放松心情，然后让病人听见一句话，让他产生联想，之后说出浮在心头上的任何想法或感觉，而精神分析师则记录下这些联想内容，然后经过分析，就能从中发现致病的潜在原因。这就是弗洛伊德的自由联想法。在对梦的分析过程中，病人把梦境中的事情作为最初的刺激，然后运用自由联想法探索梦的潜在意义。

不祥之梦有什么后果?

一位先生要发奖金了，很高兴。可晚上做了一个梦，梦见自己领了奖金回家之后，却怎么也找不到了，忙回去到路上寻找的时候，路人都冲他笑。他醒后感觉很不祥，于是第二天领了奖金之后，放在皮包里，使劲抱在怀里，并在回家路上不时打开来检查一番。没想到这番动作被小偷盯在眼里，小偷尾随他到一辆公共汽车上，割破他的包，偷走了他的钱，而一车的人看在眼里，却没人吱声。

清初大儒朱竹坨自幼喜欢吃鸭肉。年轻时，他曾梦见自己在郊外路过一个大水池，池中蓄养了好几千只鸭子。看鸭童对他说："这是先生您一生的食料。"朱竹坨81岁时，生病卧床又梦见自己路过年轻时梦过的那个大水池，可这一次水池里只剩下两只鸭。醒后他觉得此梦不祥，就嘱托家人不要再烹杀鸭子。可不巧女儿回来探望父亲，知道他喜欢吃鸭肉，从家里杀了两只鸭带来孝敬父亲。朱竹坨呆呆地望着这两只煮熟的鸭子，甚是抑郁，心想：我命休矣。结果当天晚上，他真的死了。

如果太在意自己的"不祥"之梦，并为此而采取了某种行动，那么这个梦就有可能成为自我兑现的预言。表面上，前面那位先生的梦真可谓有预见性，但如果他不因忌讳梦而频繁查看包里的钱，就不会有小偷盯上他，钱也就丢不了。可以说，以上这两位先生都是自己兑现了梦境。

梦的记忆很牢靠吗?

弗洛伊德出版著作《梦的解析》的3年前，在写给其挚友费莱斯的信里提到过自己的一个梦："我必须告诉你在我父亲葬礼之后那晚所做的一个好梦……我梦见看到一张印刷告示——类似张贴在火车站等候室的布告或海报，上面的句子看起来是‘你被要求闭起双眼’，但也像‘你被要求闭起一只眼睛’……”但在《梦的解析》里提及那个梦的时候，他却说：“在我父亲葬礼的前一晚，我做了一个梦……”这个梦到底是在他父亲葬礼“之前”还是“之后”做的呢？恐怕连他自己都无法肯定。这个例子说明，即使像弗洛伊德这样的解梦大师也难免会出现记忆扭曲。好在那个梦也没什么值得称道的灵异之处，否则一个天大的谎言就有可能出自弗洛伊德之口了。

除非每天将前晚所做的梦都标明日期记下来，否则难免出现记忆扭曲，将梦境与真实事件之间的发生顺序模糊颠倒。小说家狄更斯就曾经常在日记里记录他的梦。他曾在日记里写道，他梦见过一个穿红披肩的陌生女子，自我介绍说是纳匹亚小姐。狄更斯醒来后感到不解，因为他根本不认识什么纳匹亚小姐，也不认识喜欢穿红披肩的女人。几天后，在他的一场朗诵表演中，在崇拜他的读者人群中他发现了那个梦中的红披肩女郎，而她真的叫纳匹亚。但仔细分析狄更斯的日记，却发现他是在遇到纳匹亚小姐之后，才在日记里记录下几天前的那个梦。这恐怕又是记忆扭曲在作怪了吧。

有关研究显示，当一个人睡眠后的脑电波显示进入做梦后期时，叫醒他并要他报告正在做的梦；然后等被测者第二天醒来后，再要他描述昨晚所做的梦，录音记录证明两次描述在情节上已经有了相当的差异。可见，当我们描述梦境时，这种主观体验就已经开始受到扭曲。

美梦能够治病吗？

美梦能给人神奇的心理体验，巧妙利用美梦可以治疗某些身心疾病，有益健康。创造美梦以行梦疗，已经成为一项越来越热的医疗技术。下面略举几个梦疗的例子。

（1）解忧梦。睡前播放梦疗对象喜爱的音乐，在其入睡后继续播放，但音量调低。同时，用一根松紧带，经过梦疗对象的眉际和上眼睑围缠头部，并轻轻压迫其眼球。松紧带可解除胸闷头痛，轻压眼球可促生五彩缤纷的梦境，而音乐可怡神，可使梦疗对象的不良情绪和意识得到解脱。

（2）壮阳梦。睡前在双足掌心涂上少许清凉油，或者贴上一张伤湿止痛膏，可刺激脊髓低级神经中枢，使睡眠中产生勃起等性反应。而这些性反应会影响部分大脑皮层细胞，使之活跃起来，从而产生各种性梦。此梦疗方法对久治不愈的阳痿病人行之有效。

（3）美食梦。入睡前不要进食不易消化的食物，并取甘草、旋复花、山楂等适量煎汤，喝一碗之后入睡。甘草和胃，山楂助消化，旋复花则促生温和的饥饿感，如此三管齐下，可在睡眠中唤起食欲，进而形成觅食、美食之梦境。美食梦对食欲低下、厌食症等病症有一定的疗效。

心理医生怎样解梦？

某大学二年级女生，经常做同一个梦。她梦见自己裸体在火车站等一个很重要的人，但也不知道等的是谁。等的人总是不来，周围的人都对她指指点点，她又羞臊又生气，想躲起来又怕等的人找不到她，只能继续裸体站在那里。每次醒后，她的心都怦怦乱跳，出一身冷汗。这样持续了一年多，她的身心都非常疲惫，甚至连觉都不敢睡了。

心理医生对这位女性的情况进行了仔细分析。

从生理上分析，该女生体质较弱，出现了身体虚弱与做噩梦的恶性循环；例假周期不规律，因而同一个梦的出现也不规律；有明显的痛经史，对此既恐惧又无可奈何，导致心理上对来例假有深度的惧怕。从睡觉姿势上分析，梦见光着身子，说明睡眠时感到寒冷，可能有睡觉时踢开被子的习惯；出冷汗和心跳，说明她睡眠紧张，应该是睡姿不当压迫心脏而引发循环压力。从心理上分析，她性格内向，习惯性紧张，执拗与自疑并存，与他人交往较为困难；但潜意识中有很强的交往愿望，同时又惧怕交往，害怕别人会看不起自己。因而就出现了上述梦境：在人多的地方（火车站），以一种强加给自己的理由（为等一个重要的人）和一种令自己压力很大的方式（裸体）成为人们注意力的集中点，并混杂着兴奋、尴尬、不知所措、焦急、紧张等复杂的心理体验。

医生给出了以下解决方法：可用单绳固定等方法强制纠正睡眠姿势；坚持一年以上的痛经药物治疗，每日15分钟的妇科暖腹锻炼，按入睡前15分钟的标准锻炼；参加3个以上的学校或社团活动，或者找个男朋友。

什么样的梦是性梦？

性梦十分常见。在一项研究中，研究者对250名大学生进行调查，结果表明几乎每个人都做过性梦，其中66.4%的人梦见与异性性交。

性梦是一种正常的性生理和性心理现象。心理学家认为，性梦是在潜意识中被压抑的性欲望冲动的自发暴露，是性心理、性生理发育正常的标志。性梦类似于安全阀，可以缓和累积的性压力，有利于性器官功能的完善与成熟，完全是正常现象，并非病态。性梦不是一种邪恶现象，不必为此而焦急忧虑，更不必产生背叛丈夫或妻子不贞的内疚心理。

性梦的发生与人体内的性激素水平及性心理状况有密切关系。以女性为例，性梦发生的活跃期多在20~40岁之间。随着性生理与性心理逐渐成熟，女性也会出现性冲动，但在清醒状态下会被理智所抑制，在梦中大脑皮层的兴奋灶不受任何约束而活跃起来，便出现形形色色的性梦。从生理上看，女性在排卵期和月经前期，或者与配偶分离一段时间后，性欲比较旺盛，也有可能每隔十天半月做一次性梦。

性梦中的性对象往往是不可选择的。调查报告显示，性梦对象可能是与其一往情深但未成眷属的人，也可能是同班同学、邻居、亲友，还可能是只见过一面而没有任何交往的人，甚至是从不相识的陌生人或自己很讨厌的人。

性梦的内容丰富多彩，梦中异性的形象飘忽不定，有时模糊，有时清晰。有的梦见与异性接吻、拥抱、被异性爱抚、爱抚异性，有的梦见与异性性交，有的则仅梦见裸体异性，还有的梦见与同性有性接触，等等。

男女性梦有差别吗?

在17世纪的英国，伦敦某修道院的修女们爱慕当地一位年轻英俊的神父，经常做性梦。开始是修道院院长，后来扩展到全院的修女。她们竟将梦境当真，认为神父每晚都施用巫术使她们处于昏迷状态，然后非礼她们。于是控告这位神父，致使无辜的神父被活活烧死。

不难回答上文的提问，男女性梦有别。男性性梦与其他梦境一样，内容支离破碎，梦醒后难以清晰地回忆；如果没有性经历，梦境行为一般不会超过他真实的性知识水平，如果有过性经历，则可能在梦境中重现过去的经历；性梦多不会对其情绪和行为产生实际影响。女性的性梦与男性不同，内容比较完整，醒后多能清晰回忆梦的内容，甚至可能模糊了梦境与现实的界限，影响其真实的情绪和行为。

性梦也可以解析吗?

一位27岁女研究生，未婚。她最近认识了一个自己觉得还可以的男孩并且和他确定了恋爱关系，可本应该高兴的她却非常苦恼和内疚，因为在和男友约会后，她晚上经常梦到和自己的哥哥发生关系。到底为什么会做这种梦呢?

专家解析认为，现在很多的年轻女孩子在家里深受父亲和哥哥的宠爱，当她们长大成人后，开始与外面的异性有了亲密接触，但潜意识里会将其与自己的父亲或哥哥进行比较，看他是不是和他们一样宠爱自己。结果，在梦里将亲密接触的对象转移为哥哥或父亲。专家告诉该女士，不必为此内疚、苦恼，这个梦只是在告诉她可能现在的感情关系不能在情感及精神上满足她。

一位29岁的未婚女士，是个自由职业者。她的日常花销，靠给一些杂志和书籍画插图来维持，过得倒也自在。她最近找了个男朋友，挺喜欢他。男朋友也很喜欢她，并且很欣赏她对生活的淡然。他们准备过一段时间就结婚，可到了这样的关头，她却老是梦到和前男友发生性关系，令她十分苦恼和内疚。

专家分析说，很多人都会梦到自己和原来的男朋友或女朋友发生性关系，多半是因为他们在分手时心里还有所牵挂，可又没有勇气说出来，一直憋在心里，直到自己有足够的心理准备去面对为止。当梦到跟前任男女朋友上床的时候，说明自己已经做好了准备去完全了结以前的纠葛，尽管不一定非得见到那个人。

做性梦是心理变态吗?

一位30岁的已婚女士，在一家企业做秘书，最近很苦恼。为什么呢?

原来她的同事们都喜欢养宠物，养猫养狗的都有，而且她们每天都会在公司谈论宠物的琐事。因为她受不了小动物身上的气味，所以从来没想过养小宠物。

可最近她总梦到自己和不同的小宠物发生关系，或者梦见自己观看别人和动物发生关系，感觉不可思议，又觉得自己很无耻。心理专家认为，做这样的性梦并不能说明人的心理有变态倾向，只不过是人类天生的潜意识里的兽性的间接反映。这个梦也暗示做梦者，在性爱上不要老是千篇一律，应该有所变化。

一位33岁的女士，已经结婚4年，夫妻两人非常恩爱。他们还不打算要孩子，因为想多过几年无忧无虑的二人世界。可最近一件事让女士内心充满了愧疚：他们家隔壁搬来了一个年轻英俊的男邻居，她常常梦到和这位邻居发生关系。专家解析说，性梦中的性对象通常是不可选择的，说不定是谁，这并不能说明对丈夫不忠诚，不必因此感到愧疚。

一位35岁的已婚女士，在一家以男性为主的会计师事务所工作。平时她工作兢兢业业，很少有放松的时候，很多时候都以为自己不是个女人了。最近，她经常梦到跟不同的女人上床，而且感到很享受，醒来后特别不解，觉得自己并没有同性恋倾向，为什么会这样呢?专家解释说，很多人都做过和同性发生关系的性梦，但这并不代表做梦的人有同性恋倾向，很多时候只是表明希望自己的性别被他人接受，比如这位女士工作的地方都是男性，她很希望自己得到他们的认同。

梦为什么清晰或模糊?

每个人每天晚上会周而复始地做很多次梦，记住的往往只是最近的，也就是快要醒来的时候的梦。但是有的梦我们根本记不住，只是知道做过梦，甚至有的时候，我们会觉得自己一个晚上根本没有做梦。

这是因为，人的记忆是需要意识来达到的，意识到的东西，才有可能形成记忆。而做梦恰恰是潜意识的行为，那个时候，意识层面已经关闭，所以潜意识才会以梦的形式展现出来。人在清晨快要醒来的时候，有一部分意识已经有所唤醒，所以可以记住一些梦境，但是这一部分被唤醒的意识还没有达到最活跃状态，所以有些梦又很快忘记，甚至不记得做过梦。

梦是一种潜意识心理活动，平时我们在社会活动中受到压抑的东西，会进入潜意识中去，肌体只有通过梦的形式来进行调节。所以，无论是多梦、少梦、无梦，或者梦境是清晰的还是模糊的，我们都不必在意。因为梦是脱离了意识的管理，千奇百怪、无奇不有、支离破碎的梦很常见，被我们清晰记得的梦境片段以及被我们完全忘掉的“连环梦”，都是正常现象。

PART 7

博弈心理学擂台赛

人际交往中反洗脑、反操纵、反控制的过程，事实上就是心理博弈的过程。无论你是在学校学习还是已经参加工作，无论你是普通职员还是高级管理者，是产品生产者还是消费者，是设计师还是推销员……在社会生活中，无论你扮演的是什么角色，只要你还与外界发生着信息交换、人际往来，你就无法阻止心与心的碰撞，无法避开人与人之间的博弈。

生活中为什么要读懂博弈思维?

博弈思维是指，当与他人处于博弈中时，为了实现人生各个阶段的目标，我们主动地运用策略的思维。具体地说，由于我们的目标取决于我们自己的策略选择并且取决于他人的策略选择，我们要使用理性分析，分析各种可能的备选策略以及他人备选的策略，分析这些策略组合下的各种可能后果以及实现这些后果的可能性（概率），从而选择使我们收益最大或者说最能够实现我们目标的策略。做出合理的策略选择是博弈思维的结果。

博弈思维认为，我们的任何结果均是决策和行动的产物。正所谓“种瓜得瓜，种豆得豆”，这里的“种”指的是行动，“瓜”“豆”指的是结果。而要得到理想的行动结果，除了依靠我们的理性思维外，别无他法。

怎样利用博弈取得最大利益?

现实生活中的很多对抗局势，其胜负主要取决于身体素质或者运动技能，要在这些对抗局势中获胜，只需锻炼身体技能就可以。这样的对抗局势虽然也可纳入博弈论的研究范畴，但是这些并非博弈论研究者们最感兴趣的话题。在更多的对抗局势中，其胜负很大程度上甚至完全依赖于谋略技能。比如一场战争的胜负，往往取决于双方的战略和战术，而不是哪一方的统帅体力更好，武功更高。要在这样的对抗局势中获胜，就需要锻炼谋略技能，也就是刘邦所说的“吾宁斗智，不能斗力”。众所周知，楚汉相争的结局是刘邦赢得了天下，项羽兵败自刎而死。“斗智”才是博弈论研究者深感兴趣的，同时也是学习博弈论、运用博弈思维能够有所收获的。

在人生这个竞技舞台上，我们每一个人都渴望成功。运用博弈思维，懂得策略之道，恰恰满足了我们获得成功、避免失败的心理要求，并使我们在所参与的博弈中取得利益的最大化。

囚徒困境：怎样达到纳什均衡？

无论进行哪一种博弈都会形成一种均衡，在各种均衡中有一个纳什均衡。纳什均衡是博弈的核心概念，那么什么是纳什均衡？

纳什均衡是指，每个博弈参与者都确信，在给定其他参与者战略决定的情况下，他选择了最优战略以回应对手的战略。也就是说，所有人的战略都是最优的。而讲解纳什均衡的最著名的案例就是“囚徒困境”。

甲、乙两个囚徒联手作案，杀死了一个富翁。为了尽快破案，警察把两人隔离起来，分别进行审讯，并告诉他们：如果都坦白，各判5年徒刑；如果一方抵赖，另一方坦白，则坦白方判1年，抵赖方判10年。但事实上，如果甲、乙都抵赖，警察找不到确切证据，只能以扰乱社会治安各判2年。甲、乙两人都面临决策。

显然最好的策略是甲、乙都抵赖，结果是两人都只被判2年。但是由于两人处于隔离的情况下无法串供，按照西方博弈学家亚当·斯密的理论，每一个人都是一个“理性的经济人”，都会从利己的目的出发进行选择。这两个人都会有这样一个盘算过程：假如他招了，我不招，得坐10年监狱，招了才5年，所以招了划算；假如我招了，他也招，得坐5年，他要是不招，我就只坐1年，而他会坐10年牢，也是招了划算。综合以上几种情况考虑，不管他招不招，对我而言都是招了划算。最终，两个人都选择了招，结果都被判5年刑期。原本对双方都有利的策略（抵赖）和结局（被判1年刑）就不会出现。但是纳什均衡说的是罪犯本身知道对方的策略选择，比如甲认为乙会和他合作，从而选择不招供，这样的话，两个罪犯所采取的策略就是最佳的。这种最佳的均衡就是策略选择的纳什均衡。这是一种合作性的纳什均衡，这种均衡本身正是破解囚徒困境的途径。

在知道对方策略的前提下，寻找一个合理的策略，而这个合理的策略，势必要建立在一个牢固的基点之上，才能切实可行。这样就达到了一个纳什均衡。

斗鸡博弈：如何能让自己占据优势？

在斗鸡场上，两只英勇好战、旗鼓相当的公鸡狭路相逢。在这种情况下，每只公鸡都有两个行动选择：一个是退下来，另一个是进攻。

如果一方退下来，而对方没有退下来，则对方获得胜利；如果一方退下来，对方也退下来，双方则打个平手；如果一方没退下来，而对方退下来，则自己胜利，对方失败；如果双方都前进，则两败俱伤。

因此，对每只公鸡来说，最好的结果是对方退下来，而自己不退，但是这种结果很难实现，而且情况并不在自己的掌握之中。

如果两只公鸡均选择“前进”，结果是两败俱伤，两者的收益是-2个单位，也就是损失2个单位；如果一方“前进”，另外一方“后退”，前进的公鸡获得1个单位的收益，赢得了面子，而后退的公鸡获得-1个单位的收益或损失1个单位，输掉了面子，但没有两者均“前进”受到的损失大；两者均“后退”，两者均输掉了面子，均获得–1个单位的收益或1个单位的损失。

由此可见，斗鸡博弈有两个纳什均衡：一方进另一方退。但是我们无法据此预测斗鸡博弈的结果，因为无从了解谁进谁退，谁输谁赢。

这是博弈论的一个理论模型。它描述的是两个强者在对抗冲突的时候，如何能让自己占据优势，力争得到最大收益，确保损失最小。

在现实中，大到美、苏两大国的冷战，小到两强相遇互不买账的悲剧婚姻，都可以用斗鸡博弈的模型来解释。

赌徒博弈：赌博为什么是输的游戏？

约翰·斯卡恩在他的《赌博大全》一书中写道："当你参加一场赌博时，你要因赌场工人设赌而给他一定比例的钱，所以你赢的机会就如数学家所说的是负的期望。当你使用一种赌博系统时，你总要赌很多次，而每一次都是负的期望，绝无办法把这种负的期望变成正的期望。"

这就从客观上点明了赌博注定会输的原因。赌博就是赌概率，概率的法则支配所发生的一切。以概率的观点，就不会对赌博里的输赢感兴趣。因为虽然每一次下注是输是赢，都是随机事件，背后靠的是个人的运气，但作为一个赌客整体，概率却站在赌场一边。赌场靠一个大的赌客群，从中抽头赚钱。而赌客如果不停地赌下去，构成了一个大的赌博行为的基数，每一次随机得到的输赢就没有了任何意义。在赌场电脑背后设计好的赔率面前，赌客每次下注，都没有了意义。

赌博游戏其实都是一样的，背后逻辑很简单：长期来看，肯定会输，不过在游戏过程中，也许会有领先的机会。如果策略对头，也许可以在领先时收手。但多数情况是，当一个人领先之后，继续赢的欲望便会诱使他再一次下注，于是一个赌徒便出现了。而赌徒所玩的是一个必输的游戏。因为对于一个豪赌者而言，赢的概率是非常低的。

智猪博弈：为什么等待是最佳策略？

假设猪圈里有一头大猪、一头小猪，它们在同一个食槽里进食。猪圈的一头有食槽，另一头安装着控制猪食供应的按钮。按一下按钮会有10个单位的猪食进槽，但是谁按按钮就会首先付出2个单位的成本。若大猪先到槽边，大小猪吃到食物的收益比是9：1；同时到槽边，收益比是7：3；小猪先到槽边，大小猪收益比是6：4。那么，在两头猪都有智慧的前提下，最终结果是小猪选择等待。

实际上小猪选择等待，让大猪去按控制按钮的原因很简单：在大猪选择行动的前提下，小猪也行动的话，小猪可得到1个单位的纯收益（吃到3个单位食品的同时也耗费2个单位的成本）。而小猪等待的话，则可以获得4个单位的纯收益，等待优于行动。在大猪选择等待的前提下，小猪如果行动的话，小猪的收入将不抵成本，纯收益为-1个单位。如果小猪也选择等待的话，那么小猪的收益为零，成本也为零。总之，等待还是要优于行动。

智猪博弈模型可以解释为占有更多资源者，就必须承担更多的义务。

智猪博弈存在的基础，就是双方都无法摆脱共存局面，而且必有一方要付出代价换取双方的利益。而一旦有一方的力量足够打破这种平衡，共存的局面便不复存在，期望将重新被设定，智猪博弈的局面也随之被瓦解。

酒吧博弈：为什么胜利者只是少数?

酒吧博弈理论是美国经济学家阿瑟提出的，其理论模型是这样的：

假设一个小镇上总共有100人很喜欢泡酒吧，每个周末均要去酒吧活动或是待在家里。这个小镇上只有一间酒吧，能容纳60人。并不是说超过60人就禁止入内，而是因为设计接待人数为60人，只有60人时酒吧的服务最好，气氛最融洽，最能让人感到舒适。第一次，100人中的大多数去了这间酒吧，导致酒吧爆满，他们没有享受到应有的乐趣，多数人抱怨还不如不去。于是第二次，人们根据上一次的经验，决定不去了。结果呢？因为多数人决定不去，所以这次去的人很少，去的人享受了一次高质量的服务。没去的人知道后又后悔了：这次应该去呀。

问题是，小镇上的人应该如何做出去还是不去的选择呢？小镇上的人的选择有如下前提条件的限制：每一个参与者面临的信息只是以前去酒吧的人数，因此只能根据以前的历史数据归纳出此次行动的策略，没有其他的信息可供参考，他们之间也没有信息交流。

在这个博弈的过程中，每个参与者都面临着一个同样的困惑，即如果多数人预测去酒吧的人数超过60人而决定不去，那么酒吧的人数反而会很少，这时候做出的预测就错了。反过来，如果多数人预测去的人数少于60人，因而去了酒吧，那么去的人会很多，超过了60人，此时他们的预测也错了。也就是说，一个人要做出正确的预测，必须知道其他人如何做出预测。但是在这个问题上每个人的预测所根据的信息来源是一样的，即过去的历史，而并不知道别人当下如何做出预测。

酒吧博弈的核心思想在于，如果我们在博弈中能够知晓他人的选择，然后做出与其他大多数人相反的选择，就能在博弈中取胜。

猎鹿博弈：为什么合作能获得双赢？

猎鹿博弈源自启蒙思想家卢梭的著作《论人类不平等的起源和基础》中的一个故事。

在古代的一个村庄里，有两个猎人。为了使问题简化，假设主要猎物只有两种：鹿和兔子。如果两个猎人齐心合力，忠实地守着自己的岗位，他们就可以共同捕得1只鹿；要是两个猎人各自行动，仅凭一个人的力量，是无法捕到鹿的，但可以抓住4只兔子。

从能够填饱肚子的角度来看，4只兔子可以供一个人吃4天；1只鹿可以供两个人每人吃10天。也就是说，对于两位猎人，他们的行为决策就成为这样的博弈形式：要么分别打兔子，每人得4；要么合作，每人得10。如果一个去抓兔子，另一个去打鹿，则前者收益为4，而后者只能是一无所获，收益为0。这就是这个博弈的两个可能结局。

猎鹿博弈一览表

猎人甲＼猎人乙	猎鹿	猎兔
猎鹿	10，10	0，4
猎兔	4，0	4，4

比较猎鹿博弈，明显的事实是，两人一起去猎鹿的好处比各自打兔子的好处要大得多。猎鹿博弈启示我们，双赢的可能性是存在的，而且人们可以通过采取各种举措达成这一局面。

但是，有一点需要注意，为了取得共赢，各方首先要做好有所失的准备。在一艘将沉的船上，我们所要做的并不是将人一个接着一个地抛下船去，减轻船的重量，而是大家齐心协力地将漏洞堵上。因为谁都知道，前一种结果是最终大家都将葬身海底。在全球化竞争的时代，共生共赢才是企业的重要生存策略。

为了生存，博弈双方必须学会与对手共赢，把社会竞争变成一场双方都得益的正和博弈。

蜈蚣博弈：怎样以结果为导向思考问题？

蜈蚣博弈是由罗森塞尔提出的。蜈蚣博弈的原型为：A、B两个人，可以采取合作或者背叛两种策略，若选择背叛就不能继续博弈了。假如要博弈100场的话，那么A、B两人的收益情况如下图所示：

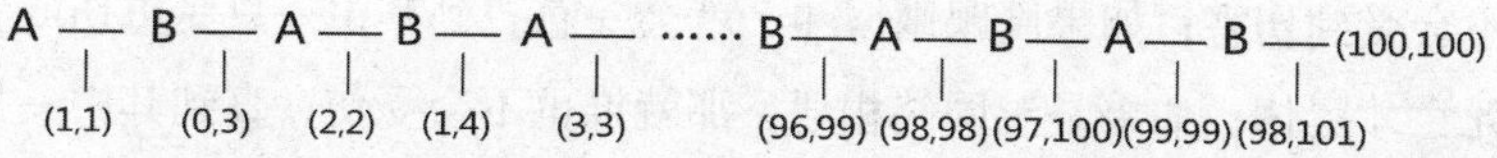

注：一代表合作，|代表背叛。

由于这一图形看起来像一条蜈蚣，所以此博弈模型被称为蜈蚣博弈。在上述蜈蚣博弈中，如果A、B两人都一直采用合作的策略，那么结果两个人的收益都是100，这无疑是一个让人满意的结果。但问题是，对于B来讲，还存在着比一直合作更优的策略，那就是在最后一步选择背叛，这样他就可以得到101的收益了。而对这一点，A、B两人心里都很清楚，A因为知道B会在最后一步博弈，所以在倒数第二步就选择了背叛；B知道A会在倒数第二步背叛，于是在倒数第三步背叛……这样倒推下去，结果必定是A在第一步就选择背叛，A、B两人的收益分别为（1，1）。

这个结果让人感到沮丧和遗憾，本来两人有希望得到（100，100）的收益，可最终的结果却是（1，1），这个结果违反了人的直觉，与原本的期望值相差甚远。所以，此博弈也被称为蜈蚣博弈悖论。

但是在现实中，情况并没有这么糟糕。因为现实中的人们可以事先达成一致意见，然后再进行决策。倒是其中的倒推法，在一定的条件下会成为我们分析问题的有效工具。

鹰鸽博弈：强硬与温和如何选择？

有一种博弈，两方进行对抗有侵略型与和平型两种战略，称为鹰鸽博弈。鹰搏斗起来总是凶悍霸道，全力以赴，孤注一掷，除非身负重伤，否则绝不退却。而鸽是以高雅的方式进行威胁、恫吓，从不伤害对手，往往委曲求全。如果鹰同鸽搏斗，鸽就会迅即逃跑，因此鸽不会受到伤害；如果鹰跟鹰搏斗，就会一直打到其中一只受重伤或者死亡才罢休；如果是鸽同鸽相遇，那就谁也不会受伤，直到其中一只鸽让步为止。每只动物在搏斗中都选择两种策略之一，即“鹰策略”或是“鸽策略”。

对于为生存竞争的每只动物而言，如果“赢”相当于“+5”，“输”相当于“-5”，“重伤”相当于“-10”的话，最好的结局就是对方选择鸽而自己选择鹰策略（自己+5，对手-5），最坏的结局就是双方都选择鹰策略（双方各-10）。

相比来说，鹰派更注重实力，而鸽派更注重道义；鹰派注重利益，鸽派注重信义；鹰派注重眼前，鸽派注重长远；鹰派注重战术，鸽派注重战略；鹰派倾向于求快，鸽派倾向于求稳。但是，鹰派与鸽派到底何者更好一些，恐怕难以一概而论。此一时，彼一时，此一处，彼一处，不同的条件、不同的目标等因素使得鹰派、鸽派各有其存在的根据和发展的空间，应该具体情况具体对待。

鹰鸽演进博弈的稳定演进策略共有三种：一种是鹰的世界，即霍布斯的原始丛林；一种是鸽的天堂，即各种乌托邦；还有一种是鹰鸽共生演进的策略，即混合采取强硬或者合作的策略。

枪手博弈：弱者有什么生存智慧？

A、B、C三个彼此仇视的枪手，在街上不期而遇，瞬间氛围紧张到了极点。在这三个人中，A的枪法最好，十发八中；B的枪法次之，十发六中；C的枪法最差，十发四中。

这时，如果三人同时开枪，并且每人只开一枪，第一轮枪战后，谁活下来的机会大一些？

很多人认为A的枪法好，活下来的可能性大一些，但结果并非如此，存活概率最大的是枪法倒数第一名的C。其实，只要分析一下各个枪手的策略，就能明白其中的原因了。

枪手A的最佳策略是先对枪手B开枪。因为B对A的威胁要比C对A的威胁更大，A应该首先杀掉B。同理，枪手B的最佳策略是第一枪瞄准A。B一旦将A杀掉，再和C进行对决，B胜算的概率自然大很多。枪手C的最佳策略也是先对A开枪。B的枪法毕竟比A差一些，C先把A杀掉再与B进行对决，C的存活概率要高一些。

如果改变游戏规则，假定A、B、C不是同时开枪，而是他们轮流开一枪。

先假定开枪的顺序是A、B、C，A一枪将B杀掉后（80%的概率），就轮到C开枪，C有40%的概率一枪将A杀掉。即使B躲过A的第一枪，轮到B开枪，B还是会瞄准枪法最好的A开枪。即使B这一枪杀掉了A，下一轮仍然是轮到C开枪。无论是A还是B先开枪，C都有在下一轮先开枪的优势。

如果是C先开枪，情况又如何呢？C可以向A先开枪，即使C打不中A，A的最佳策略仍然是向B开枪。但是，如果C打中了A，下一轮可就是B开枪打C了。因此，C的最佳策略是胡乱开一枪，只要C不打中A或者B，在下一轮射击中他就处于有利的形势。

从这个模型中我们发现，三个枪手中实力最强的A的存活率最低，结局最惨。枪手博弈告诉我们：一位参与者最后能否胜出，不仅仅取决于自己的实力，更取决于实力对比关系以及各方的策略。

重复博弈：怎么做到理性较量？

重复博弈是一种特殊的博弈。在博弈中，相同结构的博弈重复多次，甚至无限次。在单个的囚徒困境博弈中，双方采取对抗的策略可使个人收益最大化。假设甲、乙两人进行博弈，甲、乙均采取合作态度，双方的收益均为50元；甲合作、乙对抗，则甲的收益为0，乙的收益为100元；乙合作、甲对抗，则甲的收益为100元，乙的收益为0；甲、乙两人均对抗，则双方收益均为10元。由此我们可以看到，如果双方都合作，每个人都将得到50元，而如果双方都对抗，则各自只能得到10元。那么人们为什么还会选择对抗而不是合作呢？原因就在于这是一个一次性博弈的囚徒困境——既然无论对方选择什么，选择对抗都是我们的最优策略，那么只要我们稍微理性一点，就会自然选择对抗。

如果就一次性博弈来说，对抗是必然的结果。但是，如果甲、乙具有长期关系（比如他们是生意上的长期合作者），那么情况则有所改观。因为我们可以作如下推理：如果双方一直对抗，那么大家每次都只能获得10元的收益，而如果合作，则每次都可得到50元。最重要的是，假定甲选择合作而乙选择对抗，那么乙虽然在这一次可以多得到50元（100-50），但从此甲不会再与他合作，乙就将会损失以后所有能得到50元的机会。因此从长远利益来看，选择对抗对双方而言并不聪明，合作反而是两人最好的选择。

策略博弈：何时亮出手中的优势牌？

按照博弈论的观点，各方均有一个优势策略的博弈是最简单的一种博弈。虽然其中存在策略互动，却有一个可以预见的结局：全体参与者都会选择自己的优势策略，完全不必理会其他人会怎么做。

但并不是所有博弈都有优势策略，哪怕这个博弈只有一个参与者。实际上，优势与其说是一种规律，不如说是一种例外。虽然出现一个优势策略可以大大简化行动的规则，但这些规则却并不适用于大多数现实生活中的博弈。

这时候我们必须用到其他原理。

一个优势策略优于其他任何策略，同样，一个劣势策略则劣于其他任何策略。假如我们有一个优势策略，应该选择采用，并且知道对手若是有一个优势策略他也会照办；同样，假如我们有一个劣势策略，我们应该避免采用，并且知道对手若是有一个劣势策略他也会规避。

假如我们只有两个策略可以选择，其中一个是劣势策略，那么另一个一定是优势策略。因此，与选择优势策略做法完全不同的规避劣势策略做法，必须建立在至少一方拥有至少两个策略的博弈的基础之上。在没有优势策略的情况下，我们要做的就是剔除所有劣势策略，不予考虑，如此一步一步做下去。

脏脸博弈：为什么知识需要共享？

有甲、乙、丙三个人，他们每个人的脸都是脏的。设定没有一个人有镜子，且不许相互告知信息，因此每个人只能够看到别人的脸是脏的，但无法知道自己的脸是否是脏的。如果三人之外的A告诉他们："你们三人的脸至少有一人是脏的。"因为三个人中的任何一个人都知道另外两个人的脸是脏的，因此充其量只是把事实重复了一遍而已。这看似一句废话，然而它却是具有信号传递作用的关键信息，它使三个人之间拥有共同信息成为可能。假定三个人都具有一定的逻辑分析能力，那么至少将有一人能够确切地知道自己的脸是否是脏的。

下面我们对此进行推理：

（1）甲只能看到乙、丙的脸是脏的，这符合"你们三人的脸至少有一人是脏的"的描述，因此甲无法确切地告诉A自己的脸是否是脏的。但这隐含着乙、丙的脸不可能都是干净的，否则甲若观察到乙、丙的脸都是干净的，那么甲就可以果断地判断出自己的脸是脏的，即甲不可能无法确定自己的脸是否是脏的。

（2）乙得知甲无法确切地说出自己的脸是否是脏的，得知乙、丙的脸不可能都是干净的这一推论。他同时又看到丙的脸是脏的，这符合"你们三人的脸至少有一人是脏的"的描述，因此乙依然无法确切地说出自己的脸是否一定是脏的。

（3）丙根据甲、乙不能够确切地说出他们各自的脸是否一定是脏的这一已知事实，肯定可以推断出自己（丙）的脸一定是脏的。推理如下：

联系（1）、（2）进行反向推理，由于甲无法确切地告诉A自己的脸是否是脏的，隐含着乙、丙的脸不可能都是干净的。若丙的脸是干净的，那么乙一定能够确切地知道自己（乙）的脸是脏的，但是乙无法做出判断的事实，等于给丙传递了一个信号。丙根据甲、乙共同传递的信号，判断自己的脸一定是脏的。

多人博弈：集体行动是利还是弊？

社会学家们往往假设：一个具有共同利益的群体，一定会为实现这个共同利益采取集体行动。例如，同一社区的人会保持公共环境卫生；消费者会组织起来与售卖伪劣产品的商家斗争；持有同一公司股票的人会齐心协力扶持该股票的价格；同一国家的国民会支援本国货币的坚挺……这些例子实在是不胜枚举。

但是奥尔森却发现，这个假设不能很好地解释和预测集体行动的结果，许多合乎集体利益的集体行动并没有发生。相反，个人自发的自利行为往往导致对集体不利甚至极其有害的结果。

集体行动的成果具有公共性，所有集体的成员都能从中受益，包括那些没有分担集体行动成本的成员。例如，滥竽充数的南郭先生不会吹竽，却混进了宫廷乐队。虽然他实际上没有参加乐队合奏这个集体行动，但他表演时毫不费力地装模作样仍然使他得以分享国王奖赏这个集体行动的成果。如果我们把集体行动问题嵌入博弈学，会发现可以有很多不同的版本：囚徒困境式的集体行动，即在博弈中每个参与者都会采取背叛的策略；智猪博弈式的集体行动，每个博弈的参与者都企图搭便车；等等。总之，多人博弈中往往会遭遇集体行动的种种问题。

协和谬误：为什么不能将错就错？

某件事情投入了一定成本、进行到了一定程度后发现不宜继续下去，却苦于各种原因而将错就错，欲罢不能，这种状况在博弈论上被称为协和谬误。协和谬误也被称为骑虎难下的博弈，一旦进入这种弈局，及早抽身是明智之举。然而，当局者往往做不到，这就是所谓的当局者迷。

这种协和谬误经常出现在国家之间，也出现在企业或组织之间，当然个人之间也经常碰到。20世纪60年代，美国介入越南就是协和谬误。赌红了眼的赌徒输了钱还要继续赌下去以希望翻本，也是协和谬误。其实，从赌徒进入赌场开始赌博时，他就已经进入了骑虎难下的状态，因为赌场从概率上讲是肯定赢的。从理论上讲，赌徒与赌场之间的博弈如果是多次的，那么赌徒肯定会输，因为赌徒的“资源”与赌场的“资源”相比实在太少了。如果赌徒的资源与赌场的资源相比很大，那么赌场有可能会输；如果赌徒的资源无限大，且有必赢的欲望，那么赌徒肯定会赢。因此，像葡京这样的赌场要设定赌博数额的限制。

关于伊拉克战争，有人说美国胜利了，也有人说美国失败了。说美国胜利的人，只是从军事角度看问题，认为美国已经打败了萨达姆；说美国失败的人，是从战略全局，从政治、军事、经济、社会等综合角度看问题。无论这场战争美国是胜是败，从博弈论的观点来分析，有一点是确定无疑的，那就是美国陷入了协和谬误。

零和博弈：为什么说损人不利己？

零和游戏，就是零和博弈，是博弈论的一个基本概念，意思是双方博弈，一方得益必然意味着另一方吃亏，一方得益多少，另一方就吃亏多少。之所以称为“零和”，是因为将胜负双方的“得”与“失”相加，总数为零。

一个游戏无论几个人来玩，总有赢家和输家，赢家所赢的都是输家所输的，所以无论赢输多少，正负相抵，最后游戏的总和都为零，这就是零和游戏。

零和博弈属于非合作博弈。在零和博弈中，双方是没有合作机会的。各博弈方决策时都以自己的最大利益为目标，结果是既无法实现集体的最大利益，也无法实现个体的最大利益。零和博弈是利益对抗程度最高的博弈，甚至可以说是你死我活的博弈。

非零和博弈：两败俱伤还是互利双赢?

非零和博弈是一种非合作下的博弈，博弈中各方的收益或损失的总和不是零值，它区别于零和博弈。在非零和博弈中，一个局中人的所得并不一定意味着其他局中人要遭受同样数量的损失。也就是说，博弈参与者之间不存在“你之得即我之失”这样一种简单的关系。譬如，在恋爱中一方受伤的时候，对方并不是一定得到满足。有可能双方一起得到精神上的满足，也有可能双方一起受伤。通常，彼此精神的损益不是零和的。又如，目前的中美关系，就并非“非此即彼”，而是可以合作双赢。

正和博弈与负和博弈都属于非零和博弈。

正和博弈是一种双方都得到好处的博弈。通俗地说，就是指双赢。比如我们的贸易谈判基本上都是正和博弈，也就是要达到双赢。双赢的结果是通过合作来达到的，必须是建立在彼此信任基础上的一种合作，是一种非对抗性博弈。双赢的博弈可以体现在各个方面，商场上双赢的合作博弈是用得最充分的一种。

负和博弈是指双方冲突和斗争的结果是所得小于所失，就是我们通常所说的其结果的总和为负数，也是一种两败俱伤的博弈，结果双方都有不同程度的损失。比如在生活中，兄弟姐妹相互间争东西，其结果就很容易形成两败俱伤的负和博弈。一对双胞胎姐妹，妈妈给她们俩人买了两个玩具，一个是金发碧眼、穿着民族服装的捷克娃娃，另一个是会自动跑的玩具越野车。看到捷克娃娃，姐妹俩同时喜欢上了，而都讨厌越野车玩具，她们一致认为，越野车这类玩具是男孩子玩的，所以，她们两个人都想独自占有那个可爱的娃娃，于是矛盾便出现了。姐姐想要那个娃娃，妹妹偏不让，妹妹想独占，姐姐又不同意，于是，干脆把玩具扔掉，谁都别想要。

PART 8

交际心理学联络点

社交是每天必做的功课。当你和领导、同事、下属、客户打交道时，双方或者多方就是在做心理上的交流或较量。了解对方的心理特征，就能变被动为主动。

遇到面熟的人为何能产生亲切感?

在一所大学的女生宿舍楼里，心理学家随机找了几个寝室，发给她们不同口味的饮料，然后要求这几个寝室的女生，以品尝饮料为理由，在这些寝室间互相走动，但见面的时候不得交谈。一段时间后，心理学家评估她们之间的熟悉和喜欢的程度。结果发现：见面次数越多，互相喜欢的程度越大；见面的次数越少或根本没有，互相喜欢的程度也较低。

实验中这种对越熟悉的东西越喜欢的现象，心理学上称为“曝光效应”。

为什么有些人我们只是见过几次，就会感觉距离很近呢？在日常生活中，我们上学、上班的时间基本上是固定的。如果经常在同一个时刻，在同一个汽车站或候车室的话，总会有几个面熟的人。对这些面熟的人，即使没有说过话，也会有一种亲近感，就像对朋友伙伴的感觉一样。看到他们的身影，我们会缓解慌乱的情绪。

我们对人产生好感甚至喜欢上别人，是出于什么原因呢？其实，上下学、上下班时，从不相识到面熟的这一过程，都会成为开始喜欢别人的契机。当我们被问到为什么会喜欢这个人，是什么魅力吸引了你时，一般我们都会列举这个人的相貌、人品为理由。但是，当我们不太了解一个人时，也可能会对他有好感。我们一般不会注意上下学、上下班时那些面熟的人的相貌和衣着，也看不出他们的行动中有什么醒目的特征，只是看着他们沉默站立的身影。但随着每天的重复、看到对方次数的增多，我们对对方的好感也会增强。这就是“曝光效应”，即仅仅因为与对象人或对象物接触次数的增多，对这个人或者这个事物的好感也会增强。

与人的距离越小为什么心理越放松？

美国的心理学家康恩曾经做过这样一个实验，实验的目的是测试与异性谈话时，一般人会对多大距离的男女产生好感。在这项实验中，如果被测试的对象是男性的话，就叫两名女性去跟这名男性进行谈话，其中一名女性坐在距离他50厘米的沙发上，而另一名女性则坐在距离他2厘米的椅子上。谈话时，这两名女性的态度完全相同。

实验结果表明，男性对坐得离自己较近的女性，更容易产生好感。同样，实验的对象换成女性时，也是对身旁距离近的男性更易产生好感。

这就是所谓的“接近性因素”的功效。因为，彼此距离缩短的同时，双方的戒备心理也开始放松，而且有产生亲密感的心理倾向。因此，要想缩短与某人的心理距离，可先缩短彼此的空间距离。

为什么交往越多关系越亲密？

熟悉能增加人际吸引的程度。如果其他条件大致相当，人们会喜欢与自己邻近的人交往。处于物理空间距离较近的人，见面机会较多，容易熟悉，产生吸引力，彼此的心理空间就容易接近。常常见面也便于彼此了解，促进相互喜欢，我们经常说“远亲不如近邻”，是因为我们和邻居接触多，而与相隔较远的亲戚接触少。接触得多的人，我们会有一种亲密感；而接触得少的人，我们会感觉到生疏。

美国有3位社会心理学家对麻省理工学院17栋已婚学生的住宅楼进行了调查。这些都是2层楼房，每层有5个单元住房。住户住到哪一个单元，纯属偶然，哪个单元的老住户搬走了，新住户就搬进去，因此具有随机性。调查时，所有住户的主人都被问道：在这个居住区中，和你经常打交道的最亲近的邻居是谁？统计结果表明，居住距离越近的人，交往次数越多，关系越亲密。在同一层楼中，和紧隔壁的邻居交往的概率是41%，和隔一户的邻居交往的概率是22%，和隔3户的邻居交往的概率只有10%。多隔几户，实际距离增加不了多少，但是亲密程度却有很大不同。

看来，邻里效应，不仅在中国，在国外也同样起着作用。

要想与人建立亲密关系，就要主动与人多接触、多联系。与人每多接触一次，他人对你的印象就更深一点。要利用生活中的邻里效应，增加你和他人的亲密程度，就要学会主动跟人打招呼，主动与人建立联系，少一点心理设防，有事没事跟朋友常聚聚。

是什么让人渴望与他人在一起？

人人都会有和亲人在一起的需求，心理学上称之为“亲和需求”。关于亲和需求，有一种理论叫作“一碗汤距离”，这是日本学者在上世纪提出来的。当时日本的空巢家庭现象非常严重，日本学者提倡亲情养老，既拥有自己的空间，又方便照顾老人。也就是说，子女从自己家中给老人住处送去一碗汤，到老人手中还不会凉。很多人听说这个理论后，心里总会想起家的温暖。

工作结束，踏上回家的路，家人都在等你。在家里，全家人聚在一起吃晚饭，享受团圆的乐趣。这些消除了我们在学校、公司里的烦恼和疲惫。

我们虽然从属于学校、公司等各种各样的组织，但不少人还会去寻求“家庭”这一组织。我们经常会寻求和他人一起，与他人一起生活可以使我们的身体和精神都处于一种平静的状态中。这种渴望与他人在一起的感情叫作亲和需求，是人类最基本的需要。一家团圆可以满足我们的亲和需求。

每个人都有“亲和需求（亲和动机）”，就是说人都有与别人亲近、和睦的需要。当一个人感受到强烈的不安或恐惧时，“亲和需求”会随之增强。

比如在发生火灾、交通事故或战争等严重威胁自身安全的情况时，不管是谁都迫切希望能和别人靠近，而且特别想靠近与自己处境相似的人。这是因为，同病相怜的感受能够减轻内心的不安，使人正确把握自己的心理状态。两个同病相怜的人即使只是互相依偎着也能够分担不安、互相鼓励。

第一印象是长期交往的基础吗？

第一印象，即“首因”，是人们初次交往接触时各自对交往对象的直觉观察和归因判断。人际交往中，首因效应对人们交往印象的形成起着决定作用。

初次见面时，对方的表情、体态、仪表、服装、谈吐、礼节等等形成了我们对对方的第一印象。现实生活中，首因效应作用下形成的第一印象常常左右着我们对他人的日后看法。因为第一印象一旦形成，就不容易改变。初次印象是长期交往的基础，是取信于人的出发点。

因此，我们在人际交往中应该注意留给他人好的第一印象。

如何做呢？首先，我们应该注意仪表，比如衣着要整洁、服饰搭配要和谐得体等；其次，我们要注意自己的言谈举止，为此必须锻炼和提高言谈技能、掌握适当的社交礼仪。

为什么最新的认识掩盖以往的评价？

首因效应一般在交往双方还彼此生疏的阶段特别重要，而随着双方了解的加深，近因效应就开始发挥它的作用了。近因效应是相对于首因效应而言的，是指交往过程中，我们对他人最近的、最新的认识占了主体地位，掩盖了以往的评价，也称为“新颖效应”。

比如，一个平凡的老邻居突然做了官，你就会一扫其平凡的印象，对其刮目相看。再比如，多年不见的朋友，在自己脑海中的印象最深的，其实就是临别时的情景；一个朋友总是让你生气，可是谈起生气的原因，大概只能说上两三条；你的一个好朋友最近做了一件对不起你的事情，你提起他来就只记得他的坏处，完全忘了当初的好处……这一切都是近因效应的影响。

近因效应给了我们改变形象、弥补过错、重新来过的机会。例如，两个朋友因故“冷战”一段时间后，一方主动向对方表示好感或歉意，往往会出乎意料地博得对方的好感，化解恩怨。

为什么会以偏概全、爱屋及乌？

所谓晕轮效应，是指我们在评价他人的时候，常喜欢从其某一点特征出发来得出或好或坏的全部印象，就像光环一样，从一个中心点逐渐向外扩散成为一个越来越大的圆圈，因此有时也称光环效应。晕轮效应对人际交往有很大的影响。多数情况下，晕轮效应常使人出现“以偏概全”“爱屋及乌”的错误，影响理性人际关系的确立。话说回来，晕轮效应可以增加个体的吸引力而助其获得某种成功，这或许是有利的一面。

为了防备晕轮效应的不利影响，我们要善于倾听和接受他人的意见，尽量避免感情用事，全面评价他人，理性和人交往。如果想利用晕轮效应的有利面，我们在与人交往时应采用先入为主的策略，全面展示自己的优点、掩饰缺点，以留给他人尽量完美的印象。

北方人性情豪爽、胆大正直吗？

我们在评判他人时，往往喜欢把他看成是某一类人中的一员，而很容易认为他具有这一类人所具有的共同特征，这就是刻板效应。比如，北方人常被认为性情豪爽、胆大正直；南方人常被认为聪明伶俐、随机应变；商人常被认为奸诈，所谓“无奸不商”；教授常常被认为是白发苍苍、文质彬彬的老人……

刻板效应在人际交往中既有积极作用，又有消极作用：积极作用在于它简化了我们的认识过程，因为当我们知道某类人的特征时，就比较容易推断这类人中的个体的特征，尽管有时候有所偏颇；消极作用，常使人以点代面、固执待人，使人产生认识上的错觉，比如种族偏见、民族偏见、性别偏见等就是刻板效应下的产物。

为什么人们对容貌美的人更有好感？

人不可貌相，海水不可斗量。似乎以貌取人是不明智的做法。但是，这个道理认识到容易，真正做到却不容易。就是说，大多数人，无论理智上怎样认为，实际上在对别人判断时多少要受到对方外貌的影响。

国外有过一项针对这个问题的研究，得出这样的结论：长相好看的人比相貌平平的人挣钱更多，拥有的工作更让人羡慕，而相貌平平的人比相貌丑陋的人又会好一些。

虽然长相不是一切，但的确可以构成一项资本。比如，一个单位雇用一个秘书，如果两个候选人其他条件相同，但其中一个更漂亮些，那么一定会有更大的优势，尤其在经理是男性的情况下。毕竟人们更喜欢天天看到漂亮的脸蛋，用通俗的话来说——“养眼”。这就是为什么电视、电影里的明星，大多长相俊美。很简单，因为可以让人赏心悦目。

在爱情中，美貌更是一项资本。情侣一般在相貌上是般配的。当两个人不般配时，丑的一方通常要在其他方面有更好的条件来平衡。

男人似乎对容貌更加重视一些，就是人们常说的：“世上没有不好色的男人。”男人如果带着个漂亮的女人，会觉得脸上更有光彩。

情感为什么有时比利益更能打动人?

人非草木，孰能无情。人心都是肉长的。无论一个人外表多么强硬，在内心深处都一定有情感的需要，就是希望从别人那里得到关怀、体贴和重视。有时候，人们即使在物质上得到了很大的利益，也代替不了情感上独特的需要。甚至有时候，人们把情感看得比物质利益更重。

世上许多人有幸灾乐祸的心理，看到别人过得比自己好，就不舒服，看到人家过得不如意了，他才高兴。相反，如果一个人对别人富有同情心，并在患难时伸出援助之手，就很容易征服对方的心。现在人们常说感情投资，因为在人际关系上，投资感情，往往比投资金钱和利益更能征服人心。

古话说，得人心者得天下。许多领袖人物深谙此道，所以他们能够让许多人才为己所用。比如他们懂得通过情感的打动，将人才笼络在自己麾下。三国时的刘备就是在这方面情商很高的人。有一次，刘备被曹操大败，刘备让赵云保护夫人和儿子阿斗突围。赵云被百万曹军围困，为保护幼主，他怀揣阿斗大战长坂坡，血战曹操百万大军，杀死曹营战将五十余人。当赵云抱着阿斗，见到刘备时，刘备接过阿斗，一下子扔在地上，恨恨地说："为汝这孺子，几损我一员大将！"赵云忙从地上抱起阿斗，流着热泪说道："云虽肝脑涂地，不能报也！"从此对刘备更加忠心耿耿。

刘备的做法是在表明，阿斗似乎还没有赵云在他心中更重要，当然这很可能只是一种作秀罢了。但是起码也让赵云感到，他在刘备心中的分量了。这恐怕比给他加官晋爵和物质奖励更能打动他的心，同时也让其他将领看到刘备的一片爱才之心。有时候，情感似乎就是人的软肋，是"阿喀琉斯的脚后跟"，是人最容易攻破的地方。

完美的人为何不如有缺点的人可爱?

生活中有一些看起来各方面都比较完美的人。但是这样的人往往不太讨人喜欢。而讨人喜欢的，往往是那些虽然有优点，但也有一些明显缺点的人。

为什么会这样呢？这是因为一般人与完美无缺点的人交往时，难免会因为自己不如对方而感到自卑。如果发现精明人也和自己一样有缺点，就会减轻自己的自卑感，感到安全，也就更愿意与之交往。你想，谁会愿意和那些容易让自己感到自卑的人交往呢？所以不太完美的人，更容易让人觉得可亲可爱。

而且从另一个角度来看，世界上不可能存在真正完美、没有缺点的人。如果一个人总是表现得很完美，倒很容易让人怀疑其中有造假的成分。或者说，故意把自己表现得很完美，这本身恐怕就是一个不好的缺点。

什么样的人在交际中受人欢迎?

在人脉圈里，备受欢迎的人大半都具备几个特点。

第一是亲切。爱摆架子的人，人人看见都会敬而远之。能够随时随地放下身份地位，和其他人愉快相处，这样的人让人由衷喜爱。

第二是开朗。每天开开心心的人，谁见了都会喜欢。脸上带着笑容，与他见面也会觉得自己变得愉快。这种乐观态度不自觉地就会感染到身旁的人，大家不由自主地就会想接近他。

第三是热心。热心的人，在大家正需要帮忙时，会挺身而出；有时会不计较自己损失的利益来帮助别人。

第四是幽默。会说笑逗大家开心的人，去哪儿都占上风。人人都喜爱开心果，谁爱愁眉苦脸呢?

另外两个条件就是“人缘”与“亲和力”。总是会有一些人生来就带有一种特质，人缘就是特别好。大家提到他时就会有不一样的反应。所以如果你拥有一身好的条件，但人缘不好的话，还是失败的。而一些官员、明星，如果没有亲和力，只会摆架子，那样的人，虽然地位高或者知名度高，还是不算成功的。

社交中怎样让别人感觉你很成功?

下面是在社会交际中，让别人感觉你很成功的社交技巧。

1.说到做到，行胜于言

说到一定做到，这听起来既简单又合理，但是绝大部分人就是做不到。假如一个人兑现了他曾经许过的所有诺言，他一定会成为一位杰出人物。

我们都遇到过类似的不幸，也为这样的“食言”而痛心疾首。行失于言是一种极糟糕的形象，你一定要像避瘟疫一样避免。

假如你想要创立一项长久而富效益的事业，你就必须准备长期与别人合作。你的产品，加上你执行守信用原则的能力，将决定着你能否在长期的经营中取得成功。如果你想要事业长盛不衰，你就必须塑造这样的成功形象。

2.出色的工作增添你成功形象

塑造一个成功的形象的最好方法是工作成绩突出。你的杰出表现及其带来的声誉，将使人们知道你是多么了不起。人们从你昔日成功的记录，或仅仅通过目睹你工作时的风采，就可认定这一点。如同你看见一个网球运动员在球场上挥洒自如的身影，就认定他是个职业选手一样，当人们看见你在所从事的领域里的非凡表现时，他们也不会怀疑你的职业水平。

如果你的事业刚刚起步，或虽然经过几年的发展，但仍然没有达到理想的水平，你可运用"成功孕育新的成功"原则，你应该做的第一件事是：总要表现得忙忙碌碌，决不要让你的顾客们知道，你的业务少得可怜；相反，要给他们留下你总是"日程全满"的印象。

运用"成功孕育新的成功"原则，来塑成功形象的技巧是：有一副看上去很成功的外表。如果你的衬衣领已经磨破了，皮鞋脏兮兮，西服的翻领款式过时，领带也不干净，那么很显然，你无疑是个失败者。

"成功孕育新的成功"原则，要求用那些可以提高你的形象的象征物来装饰你办公室的墙壁。学位、学术证书以及类似的东西都能很准确地告诉顾客，你是多么出色。你获得的奖章、奖状也有同样的效果。

3.娶一位好妻子，给你的形象加高分

在树立自己成功的形象时，不要低估你的伴侣对你形象的影响。在很多生意或社交场合，你的妻子都扮演着对你的事业至关重要的角色。她留给别人的印象如何，肯定影响着人们对你的看法。

如果你是个商业专业人员，带妻子出席一些跟业务有关的社交活动，就显得非常重要。这不仅因为你的客户在场，而且你潜在的顾客也在场。这些未来的顾客及其夫人们对阁下和尊夫人的印象如何，可能决定着你们能在多大程度上说服他们接受你们的服务。如果他们发现尊夫人魅力十足，他们将做出积极的反应。假如尊夫人使他们大失所望，那么阁下同他们做生意的希望就会化为泡影。

建议你的夫人在与业务有关的社交场合，避免谈论有争议的问题是非常明智的，谈论有争议的问题有时会使她陷入极大的困境。

任何时候尊夫人都应表现得像个贵妇人才对。常言说得好："只要她还是个贵妇人，你就拥有一笔财富，而不是一个负担。"当然，她的外表在很大程度上决定着别人对她的印象如何。而且毫无疑问，她的衣着风格同你的一样重要。因为女人总比男人更需要打扮。所以支付得起的话，不妨给她买几套高档衣服，这是一笔很划算的投资。尊夫人身着高档服装，配以珠宝玉器，不但树立起了她的成功形象，也使你看起来充满了成功的希望。你那些客户的夫人们通常对她们的丈夫们有很大的影响力，她们将向丈夫评说你夫人的打扮是否得体。

4.幽默的形象，让你"亮"起来

具有适当的幽默感，不仅能给你的事业带来极大的好处，而且会使你的工作更有乐趣。幽默可以消除紧张情绪，创造一种轻松愉快的工作气氛，从而使你的事业更为成功。它同样也是塑造成功形象的一个因素。每当面临选择时，绝大多数人都愿意与那些有幽默感的人打交道。

在当今复杂的社会中，许多人灰心丧气，精神萎靡。因为压力和紧张情绪比以往任何时候都普遍，所以恰当的幽默就显得越来越重要。它经常是缓和尴尬局面的最好办法。

如果你天生就有幽默感，那一定要发扬它，因为这无疑是一种优秀的品质，人们会因此而乐于与你共事。

5.与杰出的成功者交往合作

同什么样的人合作对你的形象产生着巨大影响。并不是要你把对自己形象不利的朋友们都甩了，但是跟什么样的人打交道确实跟你的形象有关。俗话所说的“物以类聚，人以群分”“与狗居，必惹蚤”，并非无稽之谈。这两句谚语都非常正确，特别是从别人将做何反应的角度讲。例如，如果你有一些地位显赫而且功成名就的朋友，人们就会想，“他一定颇有本事，否则，怎么能跟那些人在一起”。如果你的朋友全是些失败者，那么，即使这不会严重损害你的形象，那它也不会对你产生积极的影响。还有，如果你在公司里整天同那些声名狼藉的人打得火热，你的形象也会受损。要强调的是，为了塑造更好的形象，要换换朋友们，而且要搞清楚同你合作的人中，哪些人有助于你的形象塑造，哪些人则有损于你的形象。

如果你的朋友是出类拔萃的人，别人就会认为你大概也是这样的人，或认为你迟早会成为这样的人。正因为如此，名牌大学才受到望子成龙的家长们的青睐。他们知道，名牌大学的气氛足以熏陶出与众不同的气质。对子女的事业成功将大有好处。

怎样让别人感觉你可以信赖？

在社会交往中，让别人感觉你可以信赖有下面这些技巧。

1.不要刻意隐藏缺点，要知道，刻意隐藏缺点是“欲盖弥彰”

百货公司偶尔会举行次品大拍卖。一旦这种大拍卖展开，每天都会吸引许多的人前往抢购，为什么次品也会这么受欢迎呢？

人的心理通常是隐恶扬善的，所以他们会想尽办法去掩饰缺点，宣扬优点。因此，一旦有人明白地指出自己产品的缺点，反而会让人觉得这家公司很诚实，进而对它产生信赖感(当然价钱低也是吸引人抢购的原因之一)。

做人的道理也是一样。将自己的缺点明白地表示出来，往往会得到别人的信赖。但这并不是说要将自己的缺点一五一十地全都说出来，这样做不但得不到上述的效果，反而会收到破坏自己形象的反面效果。

那么应该怎么做效果才会最好呢？我们可以透露自己的缺点，但不能太多，顶多透露一两项无关紧要的缺点就行。有少许小缺点的人，给人的感觉往往是“虽然有少许缺点，但大体上很好”。这样的人往往更能获得别人的信赖。

2.知之为知之，不知为不知，是知也

有一次美国加州大学一位教授讲课。课上教授提出他做的老鼠实验的结果。此时有一位学生突然举手发问，提出了他的看法，并问这位教授假如用另一种方法来做，实验结果将会如何。会场的听众都看着这位教授，等着看他如何回答这个他根本就不可能做过的实验。结果这位教授却不慌不忙，直截了当地说“我没做过这个实验，我不知道”。

同样的情况若发生在东方某位教授身上，情形可能就会完全不同。他一定会绞尽脑汁，说出“我想结果会是……”的话。

一般人都有不想让别人看出自己弱点的心理，因此，很难开口说“不知道”。但有时承认不知道，反而可以增加别人对我们的信任。

因为直截了当地说不知道，会给人留下非常诚实的印象，并且敢说不知道，其勇气也是别人所佩服的。因此对于这种人所说的其他答案，别人会认为一定是千真万确的才会说，因此对他也就会更加信任。

3.放慢说话的速度，给人留下诚实的好印象

优秀的推销员绝大部分都是木讷型的。虽然这并不表示口齿伶俐

的人不适合当推销员，但口齿伶俐并不是一个推销员所必须具备的条件。事实上，太过于伶牙俐齿，往往会让人产生反射性的怀疑——真的这么好吗？反过来说，若是木讷点，反而会令对方产生“诚实”的印象，会有听听看再说的念头。

当然要促使顾客有购买欲望，必须运用各种促销技巧才能达成。但最重要的，首先就是获得对方的信任。

4.对有信心的事，越小声叙述越会显得有分量

人的思想是很奇怪的，他们判断一件事，有时并不依据对方的说话内容，而是依据对方说话时的表情和态度。

例如，我们责骂小孩时，若用很大的声音去骂，往往会使小孩产生反抗的逆反心理，反之，若用温和亲切的方式劝导，反而可以收到良好的效果。

5.果断地表达你的观点

算命的人在给人算命时，虽然开头会讲各种模棱两可的话，但到了最后，一定会说“你将会如何如何……”，而不会说“你可能会如何如何”。这些算命的人，对于武断式的心理暗示效果非常清楚，才会说出这样的话，让人产生信服的感觉。

另外，这类暗示效果也常被应用在催眠术上。

当初松下电器公司开始创建时，松下幸之助把奋斗的目标设定在谁也无法相信的最高数值上。但他本人却充满了信心，对任何人都表示“松下公司一定会如预期地成长”的态度，获得了大家的好感，结果业绩竟然真的达到了他预期的要求。像这样使用武断式的言论，正是表现自己有信心的绝妙方法之一。

6.打电话给别人时，先问一句“你现在有空吗”

有时别人打来的电话并不见得会受欢迎。因为你在开会或者是正在与重要的客户谈论公事，有时往往会因为一个电话而打断了你的谈话。反过来说，若打电话的人在对方非常忙碌的时候，叙说自己想表

达的事，相信对方也不见得会听得进去。

因此想让对方听进去我们想说的话，就必须让对方有愿意听我们说话的心情。打电话时对方产生这种心情的最好方法，就是在开始说话以前，先问清楚“你现在有空与我谈话吗？”等对方答应了才开始进入主题。

像这样先征求对方同意，再开始进入主题，会给对方非常诚心的印象。反之，若用“谈五分钟就好”这种强迫的方式，然后延长为十分钟，甚至十五分钟，那给对方的印象就会非常恶劣。

另外，就算对方当时没有时间听电话，但若使用上述的方法，会让对方觉得很舒服，就算当时没有空，他也会主动告诉你何时有空，到时你可再打去，这样就会达到你通电话的目的。

7.提前十分钟到达约会的地方

与人约会要守时，是尽人皆知的道理。但若是由自己主动邀请的约会，那我们就必须比约定的时间提前十分钟到达，以表现出自己的诚意。

不迟到是一种守信的行为，因此可以给人留下诚实的印象，进而对这个人产生信任感。但最重要的不是守时，而是不让对方等。因此就算我们准时到达，但若对方已先我们到达，就失去了意义。因此我们应该比预定的时间提早到达，以便等待对方的到来。

另外，我们有时参加一些重要的集会，会让我们觉得很紧张。此时若能稍早到达约会的地方，让自己先适应一下环境，那多少可以消除我们的紧张感。

8.只借一二十元也如期偿还，可提高别人对你的信任感

骗子最常用的方法之一，就是先向人借一点小钱，而且有借必还，等到建立起信用后，再借一笔大钱，然后逃之夭夭！虽然时代不断地进步，人们的知识水准也不断地在提高，但上当的人却仍然只增不减。

随着时代的进步，钱的价值越来越低，因此许多人认为借一点小钱根本用不着还。这些骗子就是利用了人们的这种心理，来建立起自己诚实的形象，达到诈骗的目的。

我们也可以利用这种方法，建立自己的信用。换句话说，就是要靠向人借一块钱，也要记得还的方法，来建立起别人对我们的信任感。

这一论点不仅适用于金钱，就是与人做小小的约定时，也同样要依约履行。这样的人才会让人信任，无论做什么事也都将更为顺利。

9.直截了当地承认过错，可以表现自己的坦诚

我们向人道歉时，最好的办法是直截了当地说出对自己不利的一切。这样原本想对你发动攻击的人，就会丧失攻击的动机，因为这正表现了你的诚实。事实上，这比找一些借口闪烁其词向人解释来得有效且勇敢。

因为闪烁其词，往往会给人逃避责任的印象，更会给人极不好的印象，并且还会给对方有“他根本就没有真正认错的诚意”的感觉。相反地，若直截了当地认错，就可以增加自己的信誉，让对方有不妨让他再试一次的想法。由于道歉态度的各异，往往会给人截然不同的感受，这一点我们务必要牢牢记住。

10.有错时与其辩护不如弥补

某一公司在开会时，发给每位与会者的资料中，因人为的因素少印了几张重要的文件，虽然这几张文件对该会议并没有造成严重的影响，但事先负责影印这份文件的年轻女职员，却被她的上司叫去狠狠地骂了一顿。

这位女职员在郑重道歉后，要求她的上司让她重新影印一次，把完整的资料补发给与会的人。听到她的这项要求，上司对她的印象突然改变了。因为她不只用道歉来弥补此次工作的过失，还设法用实际的行动来弥补自己的过失，表现了强烈的责任感。从此上司对这位女

职员就留下了深刻的好印象。

因此有过失时，与其辩护，还不如立刻提出改善的方法，较能表现自己的责任感，而获得对方的好感。

11.一句“像我这样的人”，往往能消除别人对我们的不信任感

在众多的学者及评论家的座谈会中，主办单位安排了一位家庭主妇列席发言。当轮到她发言时，她居然用“像我这样的家庭主妇……”作为开场白，但结果却成了一篇非常精辟的演讲，实在让人刮目相看。

她很高明地利用了人们的心理。那就是利用“像我这样的人……”引开了人们对她不满、不信任及愤怒感。当然在场的人对她可能并不会有不满或愤怒感，但却多少会有不信任感，可是她靠着这一开场白打破了别人对她的不信任感，收到了比预期更好的效果。

因此若认为别人会不信任我们，我们可在开始说话时模仿这位女士的说法，打破对方对我们的不信任感，然后再进入说话的主题。

12.复述对方的问题足以表现自己对这件事情的认真态度

有一些人虽然喜欢演讲，但却不喜欢答复台下的人所提出的问题。的确，他们所提问题的内容有时真是莫名其妙，有时甚至会与讲演的内容毫不相干。关于这一点，有一位评论家所使用的方法就值得我们学习。

他的方法其实也很简单。每当有人向他提出问题时，他总是不厌其烦地重复一次对方的问题，再开始进行解答。而在重复问题的这短短的时间当中，他就可以思考着该如何回答。这种方法往往可以让询问的人留下“他真的在认真思考我的问题”的印象，自然而然地对他产生了好感。另外，重复对方的问题还有另一个优点，那就是可以让询问的人确认自己询问的是否就是这个问题，避免因听错或会意错，而答出不相干的内容。

这种回答的方法在面试等较重要的场合尤其有效。在这种情况下

若能用这种方式回答问题，可以让主考官留下“认真”的好印象。试想，如果主考官发问后，你就立刻冲口回答或沉默不语，主考官会有怎样的感觉？收到的效果当然会是负面的。因此，不论回答的答案是否得体，开始回答问题前，先复述一次问题，绝对可以让对方留下好印象。

13.积极响应对方的话题

我们打电话时，若对方一直闷不吭声，我们一定会觉得很不好受，似乎有被对方忽视的感觉。

这一点不只在电话中，就是与人面对面谈话时，若对方毫无反应，我们也一定会觉得很不好受。

此时我们虽然可以用“嗯”“喔”等语气表示我们确实在听，但最好的方法是在说到某一个段落时，重复一次对方所说的内容的重点。这样不但能消除对方的不安全感，同时也可以让他觉得我们很专心地在听，理解力也很强。事实上，这一点在公事上也可以加以应用。当上司命令我们做事时，每次都复述上司命令，则上司会认为下属确实已经理解了他的命令而感到放心。另外，复述上司命令，对我们本身而言，同时还具有加强记忆的作用。因此无论从哪个角度来看，复述命令对我们而言，是绝对有益无害的。

14.“请你听我说”听起来比“我要告诉你”谦虚得多

想让对方对我们产生信任感，最主要的一点，就是要消除对方的警戒心。

而在谈话时，最重要的一点就是要让对方觉得他是主角。“我要告诉你”是以说这句话的人为“主”，因此对方的感受往往不如“请你听我说”来得悦耳！这不但是以对方为“主”，并且还可以表现自己的谦虚，是件一举两得的事。

15.满足对方不经意间流露出的愿望

有位任职于某企业的经理，曾讲述了一件令他很感动的事。他说有一位任职于他客户公司的年轻职员，有一天拿了一瓶他们家乡的土特产酒来送给他。经追究其原因才知道，原来不久之前，在他们一起喝酒的时候，这位年轻的职员向他表示，他们家乡所酿的土特产酒味道不错。结果这位经理就不经意地向他表示，方便的话，哪天就送他一瓶。这位年轻职员果真没忘记他们之间的约定，把酒送来了。这种诚意着实使他感动。

一般来说，不信守约定被认为是件不好的行为，但喝酒时所定的约定却是例外，因此若能遵守喝酒时所定的约定，将会让人刮目相看。

事实上，想让人留下深刻的印象，“意外感”所占的比例往往是相当大的。因此，若想让人留下深刻的好印象，就必须遵守一些非正式的约定，这样对方将会因感到意外而留下更深刻的好印象。

16.从容不迫地道别

有些人在工作告一段落，要与客户道别时，会一边整理东西一边向客户道别。虽然这很可能是一种无意识的小动作，但这样做往往会让人觉得你归心似箭，而留下坏印象。

我们必须意识到，道别是一种独立的事件，不可以把它和其他的事情合并进行，否则一定会给对方留下坏印象。

17.倾听失意者说话，可以获得对方的信任感

心里有什么不舒服，往往可以因找到倾诉的人而得到松弛，而人际关系也因此得到润滑。

可是人一旦陷入低潮，往往会连与人谈话的兴致都没有，但心里想诉说的苦楚却越来越多，这是一种恶性循环。

对于这样的人，我们应该尽力去帮助他。而他实际上最需要的，就是一个愿意倾听他诉苦的人。因此我们可以邀他喝酒或请他吃饭，慢慢地松弛他的苦心，让他愿意开始倾诉他的苦恼。我们从心底去帮助他，日后他对我们的信任感将会大大增加。

18.对不在场的第三者表示关心，可以加强对方对我们的好印象

有位初任职某出版社的年轻编辑到朋友家拜访。当谈到一半时，他不时地看表，然后突然站起来向朋友表示，他还有另一个约会必须赶去。当这个朋友送他到门口后，他果真跑着去赶赴另一场约会了。

或许有的人会认为他的这种态度很没礼貌，但他当时给人的印象，却是真正地关心另一个人，给人留下了很好的印象。

当然他当时并非是表演给人看的，而是真的要赶赴另一个约会，但若想“表演”一下也未尝不可。例如当我们与人交谈到一半时，可以起身打个电话，然后跟对方说“我下一个约会可能会迟到10分钟，所以必须先打个电话跟他说明一下”。如此一来对方一定会设身处地地想，假如我是他的下一个约会对象，他也会同样地关心我，而对他留下很好的印象。

19.在实际行动上关心女性

善于追求女性的男人都有一个特色，那就是非常会献殷勤。只要对方需要，任何事他都会帮她做到。因为他们深知想对女性表示关心，与其体现在言语上，倒不如在实际行动上帮她们一点小忙。这是由于女性的警戒心通常比男人强，因此若只在口头上表示喜欢她，往往会收到反效果。但若用实际行动来表示，则情况就大不相同了。因此经常帮她一点小忙，远胜过用言语夸赞她好上千百倍。

20.身体姿态，反映品行

在传统习惯中，与身份地位比自己高的人见面时，为了表示敬意，必须挺直腰坐得端端正正。事实上，就算说话毕恭毕敬，若表现出一副吊儿郎当的态度，别人也绝不会留下好印象。因此，第一次见面的人谈话时，切记绝不可跷起二郎腿，否则就算在其他方面的表现都很好，也会给对方留下坏印象。

如何让别人认为你做事很积极?

下面是让别人觉得你做事很积极的社交技巧。

1.开会时起立发言

有些讲演会由于主讲人发言的时间较长，主办单位会特意准备椅子让主讲人坐着发言。碰到这种情形，可以婉拒对方的好意。

为什么？因为同样的讲演内容，站着和坐着说给听众听的效果完全不同。以歌星在舞台上的表演为例，站着唱与坐着唱不但歌声的效果不同，它给人的感受也完全不同。前者会比后者更让人觉得有活力。同样的道理，讲演时站着说，听众的感受往往会更为强烈。

因此开会时若起立发言，给人的感受一定比坐着发言更强烈、更有压迫力，此外，站着发言的另一个优点，可以居高临下，把握全场听众的气氛。

特别是那些对自己的讲演没有信心的人，更应该站着发言。虽然发言内容是一样的，但站着发言这一小小的改变，就可以使听众留下“积极”的好印象。

2.比别人抢先接电话

动作比别人慢，往往会让人留下做事消极的印象。因此若想让别人留下做事积极的印象，就要比别人早一步行动。

例如电话铃响时，比别人抢先接电话，有客人到公司洽谈，立刻上前接待。虽然这都只是一种小小的动作，但会让人留下反应快、做事积极的好印象。

3.比别人早到公司

有位职员刚进入公司时，每天都是最早到公司上班的人，有时会因到得太早，甚至连公司的大门都还没开！虽然他谦虚地表示是由于他的能力较差，必须比别人早到公司上班，来弥补自己能力的不足，但事实上他每天都那么早到公司，绝对有其正面的意义！

试想，其他的同事睡眼惺忪地赶到办公室时，你已经卷起袖子在做事了，他们的感受将会如何？积极、有干劲就是这样表现出来的！

4.挺直腰杆快步走

有位曾在高级餐厅打工的学生说，他们进入餐厅正式工作以前，除了有各种基本知识训练外，老板还再三交代他们在餐厅内工作时，必须以快速的步伐行走。

许多人很佩服这老板，因为若让侍者慢吞吞地走，不但服务速度会慢，同时也会让客人留下不好的印象。慢慢地走往往会给人一种很疲倦、无精打采的感受。让侍者快步走，可以说是这家餐厅的优良传统，这就是他们自我表现一种方法。

不只是侍者，任何人只要挺直腰杆快步走，就会让人觉得积极、有干劲！

走路的方式往往会被人们所忽略，但却是我们在自我表现中不可忽视的重要一环！

5.用力握手可以让对方感觉你很强大

握手不仅是一种交际的礼仪，同时也是表现自己的强力武器。仔细地观察一下那些政治家，一连与数十甚至数百人握手后，他们的手已经因失去血色而显得苍白，由此不难推测他们是多么用力地与人握手。

从心理学的角度来看，一个人若是被人用力地握手，自己就会很自然地用力握回去。握手虽然看起来只不过是手与手的交流，但实际上却也是一种心与心的交流。因此用力握手可以让对方感受到自己的热情与意念，并给人一种强大的印象。

事实上，握手愈用力，愈可以让对方留下深刻的印象。反过来说，若是对方用力地握我们的手，我们下意识中就会用力地握回去，以免自己居下风。的确，被人用力一握，往往会感受到一股强大压力！尤其是被第一次见面的人用力一握，那种强烈的感受常会使人难忘！

6.坐沙发时别“陷身其中”

假如你正在很认真地向一个人解说某件事的时候，对方却将自己的身体深深地陷入沙发中，你会有什么感受？如果对方是上司那还没话说，如果是同事，你可能就会向他说“你能不能认真地听我说”。为什么呢？因为将身体深深地陷入沙发的姿势，在别人的眼中，看起来往往就是一种不认真的态度。特别是连上半身也深深地陷入沙发中，给人的印象将会更为恶劣。

相反地，若仅坐椅面的一半听人说话，例如只利用椅面的前三分之一部分来坐，给人的印象会更好。尤其是采用这种坐姿时，身体的上半身会自然地向前倾，可让对方产生聚精会神的感受，因此会让对方产生做事积极的印象！好好利用这一效果，可以有效地表现自我，让对方留下好印象。

7.边听边记笔记

在你讲演时，总会有一些听众拿着笔记本边听边记。不知不觉中你会对这些人产生好感。

因为记笔记不但表示要留下一份记录，并且还显示了想将对方所说的话，留在记忆中的积极态度。

当然任何人都不会把没用的话一一记下来，反过来说，做笔记就是表示认同对方说话的内容，对于对方是一种敬意的表现。

好好利用这种心理，可以使对方感受到我们的心意。通常上司对你说话时，就是再无聊的话你也不得不听，此时若能用记笔记的方式，不但能消除无聊感，同时也可以让上司留下好印象。

一边听讲一边记笔记，是需要有灵活的头脑才能胜任的工作，因此勤记笔记不但可以表现出自己的能力，更有事半功倍的效果。

8.卷起衣袖工作

将长袖衣服的袖子卷起来，露出肌肤，可以使人产生充满活力、做事积极的印象。听说年轻的女性往往会对卷起衣袖做事的男人产生好感。据了解，岂止是年轻的女性，任何人对卷起衣袖做事的人都会产生好感！

9.签名的字体大一些

政治家与一般人的名片最大的差别，就是政治家的名片上除了姓名之外，其他如住址、电话等一概不印，并且姓名也用比一般人使用名片还大的字体来印刷。这些都显示出想让对方记住自己姓名的意图。

这一点值得我们学习！事实上姓名就是我们的另一个身份，只要对方记住我们的姓名，也就等于认识了我们。因此签名时尽可能将字体写大一些，就可以加深对方的印象。根据一位教师的经验，通常将自己的姓名签得很大的学生，他的学业成绩虽然不一定就很好，但往后的成就却往往会较大，这就显示写大字的人较具有积极性！

10.边说边打手势

在美国的学校里，每个学生在课堂上起立发言都是边说还边打各种手势。这种热烈的学习气氛，在东方学校的课堂上是不易见到的。尤其是当学生要表达与教授相反的意见时，那种激烈辩论的情形，在东方学校更是绝对看不到的！

还有当我们观赏政治家演讲的影片时，也会发现他常使用各种激烈的手势，来加强演说的效果。这正是政治家的个人魅力所在。

或许这是国民性的差异缘故，东方人说话时通常不打手势。但我们若能在说话时配合一些手势，就可以使对方的印象更为深刻。

由此我们可以知道，倘若手势打得好，有时谈话的内容虽然不怎么样，也可让对方留下深刻的印象，所以我们不能忽视手势的重要性。

11.参加事先没有安排座位的集会时，主动坐到上司的旁边

在大学里，上课时通常没有排固定的座位，但奇怪的是每一次上课时，同学们所坐的座位却几乎都是固定的。成绩好、喜欢发表意见

的同学，通常会坐在距离老师较近的座位，而成绩差、常常心不在焉的同学，则通常会坐在后面几排的座位。

其实这个道理非常简单。坐前几排的学生不但较容易为老师所重视，就是被老师叫起来解答问题的机会也比坐在后排的学生多出许多。因此对自己有信心的学生，就会选择前排的座位，反之，对自己没信心的人，就会很自然地往后坐。

同样的心理也会出现在一些公司职员的身上。对自己越有信心的人，越喜欢和上司在一起。因此参加事先没安排座位的会议时，主动坐在上司的旁边，可以表现自己的自信心！

12.额外的工作以及意外的工作，可使别人感受到你的热忱与诚意

新闻记者的工作是相当辛苦的。他们一天24小时，都必须为了采访新闻而工作。有时他们好不容易找到了他们想访问的人，但被访问者却以“没什么好谈的”为理由而拒绝，他们便白忙一场。

在外行人的眼中，或许他们的这种做法被认为是在浪费时间，但事实上他们却有必须这样做的理由。他们是想凭着一天24小时不停地工作，让受访者产生怜悯的感受，进而因同情而透露一些消息。虽然受访者也知道记者用的是苦肉计，但却仍会产生同情心！

有一位任职于某杂志社的记者，就为了想获得一位正在监狱服刑犯人的独家新闻，在他入狱的三年内不断地写信和他联络，结果在他出狱后，果然让他采访到了他所需要的独家新闻！因此有时额外的工作以及意外的(别人不会想到的)工作，反而可使别人感受到你的热心。

13.到对方的住处请教可以显示自己的热忱与诚意

有人常说“公务人员的服务态度欠佳”。虽然最近他们已经开始改善他们的服务态度，但仍让人有不舒服的感觉。究其原因，最主要的是我们必须到他们的办公点才能办事！

另一个原因是到这些场所办事，往往会被这些公务员连名带姓地

叫来叫去，而这种直呼其名的叫法又通常是上司对下属的叫法，因此被叫到的人往往就会感到不是滋味了。

上述两种原因，往往会成为我们身心两方面的负担。一件小小的手续有时必须花上一整天的时间才能办好。而这种不愉快的感觉，就是让我们对公务人员的服务态度产生抱怨与不满的原因。

和人见面也是一样，如果对方表示“到我公司来吧”，有时就会觉得很不是滋味。相反地，若对方说“我到你那边去吧”，就会有很舒服的感觉。因为在自己熟悉的环境与人见面，心里总会多一层安全感。

为了显示自己的诚意，我们不妨到对方的处所请教，虽然这样会比较累，但收成却往往会非常丰硕。

14.将自己的“梦想”说出来，可以增加自己的魅力

表现自己魅力的方式很多，而其中很值得一试的，就是将自己的“梦想”说出来。

例如，我们可以对别人说“我希望将来能住在国外，最好是在西班牙买一个小城堡……”或许有人会觉得你幼稚无知，但一般人却会觉得说这些话的人天真可爱，充满了魅力。

有“梦想”的男人才是富有魅力的男人。“在我有生之年，一定要用我的双脚走完丝绸之路。”有这种“梦想”的男人是否会让人觉得有魅力？答案应该是肯定的。

拥有远大目标的人，他的整个人都会给人有一种“大”的感觉。女性和这样的男人在一起，就会产生连自己的“梦想”都可以实现的感觉。

“梦想”就是幻想，因此就算是完全的超现实也无所谓，只要拥有属于自己的“梦想”，整个人就会充满了魅力。

15.该认真时就全心投入，该笑时就开怀大笑

有些人无论是高兴或烦恼，都不会在脸上显示出喜怒哀乐的

表情。

当然，面无表情的人并不代表他们内心是冷酷的。相反地，这种人的心思，有时会比正常人更细腻、更富神经质。

由于面无表情，别人就无法从他们的表情中了解他们的心思。因此对于这些看起来毫无反应的人，人们自然就会产生“他们反应迟钝”的感觉。

感情的表现越积极，越能让人了解当事人内心的感受，而感受性强的人，往往也会让人觉得非常有魅力。因此我们在应该认真的时候，就要全心投入，在该笑的时候，就开怀大笑，才不会让人觉得我们反应迟钝，而留下坏印象。

16.用手握着麦克风演讲，较易表现出自己独特的形象

相信任何人都有在不同的场合讲演的机会。当使用麦克风说话时，我们用手拿着麦克风讲演，更能增加自己的魅力。

使用麦克风最重要的一点，就是口与麦克风之间应该保持一定的距离，这样听起来会比较舒服（声音不会忽大忽小）。通常较少使用麦克风的人，往往会在不知不觉中将自己转向背后的黑板，使自己与麦克风间的距离拉长，从而使声音变小。这是一般人最常犯的错误，我们务必要注意这一点。

如果我们将麦克风拿在手上使用，就可以随心所欲地走近听众席进行讲演，如此更易拉近我们和听众间的距离。所以当我们使用麦克风讲演时，不妨用手握着麦克风保持一定的距离，就可获得很好的效果。

用什么方法让别人感觉你有才干？

下面是让别人感觉你很有才干的社交技巧。

1.在开始发表自己的意见之前，先说明自己的意见范围

说话清晰，可以让人觉得“头脑好”，这一道理相信大家都同意。但如何说才能口齿清晰呢?

最好的方法，是一开始就将今天所要讲的内容有哪几大项，以及每一项的内容又如何等先说清楚!

为什么要先做上述的报告呢？由于人类是一种喜欢推理的动物，因此一旦事先表明了大概的内容，听众就可以一边听讲，一边进行下一步骤要说什么的推测，并且由于有了某些心理上的准备，他们对讲演内容的吸收也会特别快。

换句话说，事先简单地说明将要讲演的内容，由于听众已经有了某种程度的心理准备，因此就算讲演的人偶尔口齿不清，也不会影响到听众的感受，因此可以让他们产生“此人头脑不错”的印象。

2.每次都能将意见归纳成三大项，别人就会对你的总结能力留下深刻的印象

人们对于“三”总是有一种特殊的感觉。“三”往往可以带给人们一种安全感。

具有说服力的人，往往善于利用“三”的战术。有位商社的副社长士光敏夫先生就是其中的佼佼者。他对于任何问题的答复都是“这个问题有三个答案”，并且在回答问题时也都将问题归纳成三大项。这样不但问题被整理得容易理解，对于整个问题的探讨也颇有助益。

反过来说，若将问题的答案仅仅限定为一项，则容易使人有一种武断的感觉，如限定为两项则又易使人有左右摇摆不定的印象。

事实上，演讲的人若能将问题归纳成三大项，则在进行演讲的时候也将会顺利得多!

3.任何话都尽量在三分钟以内说完，也是表现“自己头脑好”的诀窍

我们常常可以看到类似“三分钟讲演术”以及“三分钟自我介

绍”的书。事实上“三分钟”对我们而言，的确具有特殊的作用。通常一般人讲三分钟的内容，是不用看稿可以侃侃而谈的极限。

据有人在广播电台主持每天2分50秒的迷你节目的经验，发现这一时间正好可以不多不少地讲完一个主题。以一般谈话的内容而言，1分钟太短，5分钟又太长！

为什么？事实上三分钟是人类表达自己意见的最适当时间。任何谈话只要有三分钟，就可以表达得清清楚楚。超过此时间所说的话，很可能就是废话了！

说话最重要的目的就是要让听众有良好的感受。世界上没有任何事会比内容贫瘠的话，更令人觉得无聊的了。因此与其多说废话，倒不如将说话的内容，精简在三分钟以内说完，反而容易让听众接受，并且听众还会对讲演者产生“此人头脑不错”的印象。

4.凡是考虑周到，想到最坏的结果

举一个很简单的例子来说，假定有一位汽车推销员，他每月销售业绩是三十部汽车，但本月份他只销售了十部汽车。如果，事先他已向上司报告说：“这个月由于其他车厂推出新型车，因此预测自己本月份只能卖出四五部汽车。”如今卖出了十部汽车的这一事实，看起来就不再是一项缺憾而是一项突破了。但若他事先向上司表示“虽然这个月份其他车厂推出了新型车，但我至少可以卖出十四五部汽车”，则售出十部汽车的这项事实，就会被认为是“失败”的！这也从另一个角度解释了本书第二章所讲过的“欲扬先抑”定律的潜在内涵。

5.平常说话时偶尔加入一两个专业名词，可以使人感觉你有深度

当我们坐在车上或咖啡厅里，听到旁边有人说外国话或专业名词时，我们的目光往往会不由自主地去注视他们。

这种现象就是记忆心理学上所谓的“凝离效果”。例如若将一个特殊符号放在一大堆数字当中，则这个特殊符号一定会特别醒目，这

就是所谓的“凝离效果”。

所以当你追求女朋友的时候，如果常在谈话中加入一些外语，对方往往会觉得你很有学问。一旦感觉某人有学问，对于这个人谈话的内容就会格外注意。

反过来说，若总用这种方法，则不但“凝离效果”会越来越淡，并且反倒会使对方感觉谈话的人肤浅甚至卖弄！如此不但达不到表现自己有学问的目的，反而会给对方留下坏印象。因此，得适可而止。

6.若想让别人接受自己的意见，可以尝试以名言或谚语的方式表达自己的意见

有时我们想拒绝一件事，往往会由于某些因素，使我们无法很干脆地拒绝，因为一不小心就可能又树立了另一个敌人！

此时我们就必须找借口来拒绝了。但若所找的借口又与自己有密切的关系时，虽然对方因此接受了我们的拒绝，但另一方面他同时也会感觉到直接被人拒绝的愤怒。

那么如何才能既不伤感情又达到拒绝的目的呢？通常，若要真正地做到两全其美，是相当困难的。这里有一个比较理想的方法，你不妨试一试。那就是翻一翻历史，找一找历史名人们说过的话，是否有适合自己目前处境的名言。若有，则我们可借该名人的话，向对方表达自己想表示的意思。例如，我们可以用“孔子曾说……”的方式来表达(暗示)自己目前的心境。这样一来，对方的感受往往也不会再那么强烈，而我们想拒绝的目的就达到了。

此外，引用名言或谚语，往往也可以加强自己的说服力。这就是心理学上所谓的“威光暗示”效果。

7.叙述数字时若能将个位数也表示清楚，可以提高别人对自己的信赖感

试想，如果我们听到对方把小数点以下的数字，都清清楚楚地说出来，我们有什么感觉？是否会认为对方的记忆力惊人？通常有些人

之所以被尊为“超人”，就是因为他们肯下功夫，将小数点后的数字都记起来的缘故。

其实牢记数字，往往还能让听讲的人产生信赖感。例如有一位杂货店的老板到银行申请贷款时，他要求银行借他91万元。银行的经理觉得很奇怪，就问他为何不干脆借100万元。这位老板很坚决地表示，他贷款的金额经过他仔细计算，确实只须借91万元，因此他只要借91万元即可。银行经理听到后觉得他非常可靠，于是立刻批准了他的贷款。

8.对于畅销书就算没读过，别人提到时也要表现出感兴趣的样子

无论从事何种工作，一旦丧失了时代感，就不可能会有任何进步。事实上，在各种变化都很激烈的时代，“时代感”是每个人都不可缺少的一种素质。

为了达到具有时代感的目的，我们必须对流行语、广告词、电视的热门节目、各种周刊、杂志以及畅销书等，都有一定程度的了解。虽然许多流行现象并没有太值得我们学习的地方，但由于它们是一种社会的时尚，因此我们也不能轻易地否定他们。

虽然有人认为，只读畅销书的人没什么水平，但事实上却不尽然。姑且不论它的内容如何，只要由它能在短短的时间里就拥有一二百万的读者这一事实来看，就可以知道这实在是一种不可忽视的社会时尚。

因此，虽然我们不见得一定要读完所有的畅销书，但在报纸杂志上看到介绍畅销书的文章不妨看一看，对我们来说只有好处没有坏处！因为我们很可能在许多聊天的场合，听到其他的人以目前畅销书内容来作为话题。若自己连书名、作者都不清楚，试想别人对你的印象将会如何？

畅销书明显地反应了一个时代的各种事物，因此我们不妨换个角度，从为何现在这本书会变成畅销书的立场，来对畅销书进行研究。

9.文章中千万别出现错字或漏字

文章的好坏、有趣与否，往往会因读者兴趣的不同而有不同的评价。不过文章中若有错字、漏字，则相信对任何人都会留下恶劣的印象。

在极端的情况下，一篇好文章很可能会因为一个错字或漏字而被否定了。其实许多错误往往只要稍微注意一下，就可以发现的，但若不加以注意就马虎地交出去，往往会给人不够细心的感觉。

另外，通常错字、漏字太多的文章，往往还会让人对它的内容是否正确也产生怀疑。每一篇文章风格各异，它代表了作者的思想，并且还将广为流传，因此在写文章时，就必须特别小心了。

10.就算字不漂亮，只要工整让人容易阅读，也会给人留下好的印象

在批改学生的作业时，最感到头痛的就是学生写的字既脏又乱！所谓的脏与乱并不是指字写得漂亮与否，而是指他们往往会将写错的字直接涂掉。

其实就算字写得不够漂亮，也应该可以写出容易让人阅读的字体。如果字容易阅读，阅读的速度也会相对提高，阅读心情就会愉快，对写这篇文章的人自然会产生好印象。

11.和人一起吃饭时，若一直举棋不定，不能决定自己要吃什么，会给人留下判断力不足的印象

有些人在与人一起到餐厅用餐时，常常无法决定自己要吃的东西。另外，有些人还会在好不容易决定自己要吃的东西后，又要求更换其他的东西。此时，如果是女孩子，旁人还可以容忍，但若是男人如此，则会给人留下判优柔寡断的坏印象，还会被人瞧不起。

因为这样的表现会给人一种优柔寡断的印象。虽然有人或许会说，只不过是无法决定自己想吃什么，怎么会被人认为优柔寡断？根本就是小事一桩！但若换个角度来看，就因为是小事，才必须更加

注意！

倘若我们要做一个与自己或公司未来命运有关的重大决定时，任何人都不可能立刻决定。就算看似立刻决定，那也是由于他平时就已对这个问题进行了思考，早就胸有成竹。

不过对于决定自己要吃什么，相信任何人都应该能在短时间内决定。若连吃什么这种决定都要想来想去，别人就会很自然地联想到，若让他决定一件比吃什么更难、更重大的问题时，他的表现又将如何！

12.与人约定下次见面时间时先翻看一下记事本，再确定时间，可给对方留下很周密的印象

与人约定时间时，对方通常会有两种反应：一种是表示什么时间都可以，而另一种则表示要翻一翻记事本，看看哪个时间可以。

排除一些特殊的情况之外，对于前者人们可能会有“无能”的感觉，对于后者则会留下工作能力很强的印象。

这是由于一般人通常都很忙的缘故。而随时都有空，给人的感觉是很闲，很闲又会让人联想到无所事事，能力不强。事实上，有些推销员就算知道自己某一天有空，在与人约定时间时，也会掏出记事本装作要确定自己那天是否有空，以使对方留下他能力很强的印象。另外，边看记事本边约定时间的另一个好处，就是可以让对方留下做事谨慎，不会到时忘了约会的好印象。

13.故意让人看看写满预定行程的记事本，可让别人留下能力很强的印象

有时无意间看到了别人写满预定行程的记事本，往往会被它吓一跳，并且立刻会产生这个人工作能力一定很强的印象。这也是一种忙就是能力强的直觉反应。同样的，当我们看到写满姓名、电话及住址的记事本时，也会很自然地产生这个人交际一定很广的印象。

利用这种心理，我们可以给人留下我们工作能力很强的印象。虽

然有点做作，但效果往往很好。

14.经常重复一些小命令可使对方觉得你是领导者

有些已婚男士会告诫新婚男士，从新婚的第一天起，就应该以命令的方式与太太沟通，将来太太才会听话。事实上这种现象若以心理学的观点来看也是相当合理的。

男士在结婚后，若能立刻对妻子表现支配者的态度，久而久之妻子就会习惯于丈夫的这种态度。例如丈夫可以对妻子表示“倒杯茶给我”“拿报纸给我”或“马上把洗澡水放好”等，让妻子自然产生“丈夫就是支配者，妻子就是服从者”的印象。

相反地，若一开始就表现出夫妻平等的态度，则一辈子就都必须维持这种关系。

类似的情形在办公室中也可以适用。对于那些不把上司看在眼里的职员，上司只要以命令式的口气与之说话，就可以很自然地改变他对上司的印象。

15.想让人觉得你是“大人物”，最好的方法就是将各种动作放慢

从前有位朋友曾与一位号称最伟大的记者有过一面之缘，虽然他的言谈举止相当有深度，但给人的感觉不但不像个大人物，反而有点瘪三！事后想想，这是由于那位记者的各种动作不够稳重的缘故。虽然动作与人的本质并没有直接的关系，但我们对一个人的印象，却往往会因他所表现的动作而有所改变。

人一向就有一种先入为主的观念。通常所说的大人物，他的各种动作一定是缓慢而稳重的。因此若想让别人把你当作大人物般的看待，就应该刻意地将自己的各种动作放慢。缓慢且稳重的动作，不论在视觉或心理上，都可以让对方感觉到你是个大人物！

16.逆光走向对方会使人产生此人较“大”的感觉

欧美人士相当重视心理学在商业上的应用。尤其是身为公司的高级干部，他们平时更重视自己的服装、室内摆饰等等，都以尽可能给

人留下好印象为目的。

在美国还有专为此论点写的一本很厚的书。书中分别说明大人物的谈吐(由如何选词造句到每句话之间应停顿多少等)、应对表情、说话的语调姿态、抽烟的姿势等等，事无巨细。其中最让人觉得有趣的，就是它还提到“逆光走向对方会使人产生此人较‘大’的错觉”。

逆光当然不容易让对方看清楚自己脸上的表情，因此会让对方产生不知道他在想什么的威胁及压迫感。有些人甚至按自己谈话的对象或内容，调整自己房间内灯光的明亮度，来制造最适当的气氛。

我们或许还用不着做到这种地步，不过在与人说话时选择逆光的位置的确比较好。因为逆光会使对方看不清楚我们脸上的表情，万一我们有时露出犹豫不决的表情时，对方也不容易察觉，从而可使对方对我们留下好印象。

17.直条纹的衣服可使你看起来较高

错觉是视觉心理的一种原理。其中常被人应用的是直条纹与横条纹带给人的视觉差异。这项错觉原理常被应用在服装上，我们若想使自己看起来个子高一点，不妨穿直条纹的衣服，反之，若想使自己看起来胖一点，则可改穿横条纹的衣服。

对自己身高不满意的人，可以常穿直条纹的衣服，使别人产生错觉。根据美国一所大学的研究报告，身高与未来的升迁有绝对的关系。一般人站在个子比自己高的人身边，多少总会感受到有一股压迫感，这是一项不争的事实。换言之，身材高大的人可以让别人产生自己能力强的错觉。因此我们应该多穿直条纹的衣服，让自己看起来更高更大。这样可以给别人一种大人物的印象。

18.好笑就笑，不懂就承认，才不会让人觉得你反应迟钝

以前有两位杂志社的编辑，有一次为了连载小说的刊登事宜，两人一起到一位小说作家的家中拜访。其中有一位是老资格的编辑，另

一位则是初出茅庐的新编辑。

见面时由老资格的编辑展开话题，但是为了将来容易交接工作的考虑，他仍刻意地安排让同来的新编辑有说话的机会。可是很意外的，那位新编辑却根本不搭腔。第二天，那位作家就打电话来向老编辑表示“昨天与你同来的那位老弟头脑是否有问题？”。

听了以上这个故事，我们一点都不会感到惊讶。因为一个人在说话时，都希望让对方有印象。倘若对方一点反应都没有，他一定会大感失望。因此我们在听人说话时，不妨偶尔加入“吓我一跳”“了不起”等语表示同感，让对方感到我们在关心他。这样也可以给对方留下头脑反应快的印象。

19.重复“我认为……”“我的……”等语，可以加深别人对自己的印象

我们在一些政论会等场合，经常可以听到演讲者在他们的话中，不时重复“我认为”“我的……”等语。对于这些从事政治活动的人而言，向大众推销自己是最迫切需要的事。而多用“我”这个字眼，正是加深别人印象的主要方法。

与欧美的语言比较，东方人原本就比较少用“我”这个字，并且在日常的生活中，东方人通常都会尽量避免用“我”这个字。那么为何东方人会避免用“我”这个字呢？最主要的原因，就是在潜意识中想逃避责任，不想让对方知道这是自己的意见、自己的感受。换而言之就是一种潜在的防卫意识，认为如此做同时还能避免与周围的人发生冲突。

的确，一个人若不时表示“我的看法是……”或“我认为……”则往往会给人自大、固执的印象。相反地，若想让别人对自己留下强烈的印象，则不妨在言谈中多使用“我认为……”“我的……”等语，则必然可以让别人留下深刻的印象。但这种方法不宜使用太频繁，否则反而会有反效果。这一点必须特别注意。

20.将自己的“特点”归纳在三个以内，可以加深别人的印象

在日本的东北部，有一家知名度颇高的饭店。这家饭店虽然并不是什么百年饭店，但附近有喜庆宴会时，都会选择在这家饭店举行。据了解，当地的人认为若能在这家饭店举行婚礼，是件非常值得骄傲的事。这家饭店之所以能够如此成功，完全要归功于这家饭店的总经理，他将该饭店的特点归纳为两个。

其一是他们推出只有他们的饭店才能制作的正统式餐饮。其二是他们所装设的吊灯，都是价钱极为昂贵的高级货。据说他们最小房间中所装设的吊灯，价值就有4000万日币，大房间里的吊灯，价格更高达一亿日币！因此，当你到达那个城市之后，只要向计程车司机表示要到这家饭店，司机就会立刻反问“是那家装设昂贵吊灯的饭店吗”或“是那家推出正统餐饮的饭店吗”。

另外，有一位参议员，由于他在竞选时仅以单一的政见作为号召，从而使他的政见因其简单明了而变得家喻户晓，深入选民的心，最终在选举中获胜。

由上述这些例子，我们不难了解，尽量将自己的特点归纳为少数几项，反而更能加深对方的印象。这可避免因特点过多，而使对方感觉眼花缭乱，无所适从。

当我们参加面试时，与其想让主考官留下“本人文武全能”的印象，还不如强调自己真正精通的一项(例如“我对爬山很内行”等)，反而可以让对方留下深刻的印象。

21.专精于某一件事，往往可以让人刮目相看

在日本NHK担任巴洛克音乐解说的皆川达夫先生，他因在NHK从事巴洛克音乐的解说工作，而获得意大利的音乐大奖。他也是巴洛克音乐的权威。他的本职是教大学西洋音乐史的教授，但他的兴趣却极为广泛，有的兴趣甚至和他的本职毫无关系。高中的时候他曾参加歌舞剧的演出，而且对于葡萄酒也非常内行，甚至还写了一本有关葡萄

酒的书。

虽然一般人或许无法像皆川先生一样，对于任何事都非常精通，但专门研究某一件事并且深入探讨，则是任何人都能做到的！例如对葡萄酒有兴趣的话，只要稍微下一点工夫，很快就能精通，甚至成为专家。或者以世界各国的语言来练习“早安”和“你好”，甚至学习一些口技(如学公鸡叫)等都可以给别人留下深刻的印象。这些雕虫小技虽然看似无聊，但往往可因此使别人对你刮目相看。

找个机会露一手，就可以加深别人对你的印象，他们绝不会觉得你无聊。

22.说出别人意料不到的话，可提高对方对自己信任感

有个人以前为了改建房子，找了一位木匠来估价。结果这位木匠对他说：“这么好的东西拆掉实在太可惜了！如果是我的话就会原封不动地留下来。”听到他这么说，这人立刻对他产生信任感。虽然原本就听说他的手艺非常好，但由于是第一次找他干活，因此对于他是否值得信赖，事实上并没有把握。但这种疑虑由于他的那句话而一扫而空。

为什么？因为他没说出别人预期他会说的话。我们通常会由对方的职业或社会地位，推测他会说什么话。例如，我们认为推销员一开口就会说出一连串推销自己新产品是如何优良的话，而木工则应该会鼓励人尽量改建房子。因此当对方说出与自己预期正好相反的话，往往就会因惊讶而不由自主地对他产生信赖感。

23.不按旧例往例办事，可给别人留下“能干”的印象

一些公司每年都会举办许多活动，因此每个职员都会有承办活动的机会。当我们被选派承办活动时，正是我们表现自己的大好机会。此时若能避免因循守旧，就可以给同事留下“能力强”的印象。

不过也不必样样都与众不同。例如，主办年终聚餐活动时，只要选一个别人都没去过的好场所，让大家吃惊一下，那也就够了。

但必须注意的是，若平时工作不努力，只在主办一些宴会时大出风头，则别人对他的印象也不会太好，或许别人私下会戏称他是宴会部长。

因此这些与众不同的变化，最好别太夸张，只应该尽可能在一些细节上去求变化。另外自己平时的工作表现也必须力求完美，这样才能让同事留下工作能力强又会玩的好印象。在社会上只会工作不懂娱乐的人，并不见得会受到别人尊敬，既会工作又会玩的人，才真正会受到大家的尊重。

24.腰部挺直的坐姿，可让人留下“才俊”的印象

腰部挺直给人的印象往往会非常好。缩成一团坐在椅子上，不但表现出没有自信，并且还可能让对方留下你畏惧他的印象。

正确的姿势会让人产生私生活正常和思想正直（即不会胡思乱想，把别人的好意当成恶意）以及诚实、能力强的印象。

在参加会议或面谈等重要的场合时，尤其应该注意挺直自己的腰杆。事实上，在这类场合，腰杆是否挺直，往往是成败的关键所在，因为驼背的人再怎么看，都不可能会像是“才俊”！再从心理学的观点来看，驼背的人通常都比较内向，防卫意识也比较强，同时也可能是较不合群的人。

25.说话时直视对方的眼睛，可以给对方留下好印象

由于工作的关系，我们经常会接触到各式各样的人。他们的年龄、嗜好、职业与社会地位都不尽相同。其中最能让人留下好印象的，是那些与你说话时直视你眼睛的人！

谈话时相互凝视对方，对双方来说都会产生紧张感，因此我们会因为在潜意识中想逃避这种紧张，无意中将视线飘离对方的眼睛。最明显的例子就是搭乘电梯时，大家都会不约而同地注视电梯的天花板或地板，避免彼此目光的接触。

因此，我们若能注视着对方的眼睛说话，相对地，就会让对方

留下我们对自己充满自信的好印象！相反，若我们逃避对方的视线说话，则往往会给对方留下自信心不足的印象，同时也会在不知不觉中降低了自己在对方心中的分量。

许多人都有眼睛看着下方说话的习惯。这种表现往往会让对方留下非常软弱的印象，对当事者来说，是非常大的损失。直视对方的眼睛说话虽然会有少许的紧张感，但仍应养成注视对方眼睛说话的习惯。尤其是要说服对方时，这一点绝对有必要。因为注视对方的眼睛说话，正是让对方感受到你的压力及信心，同时也是提高说服力的最有效方法！

26.想让人感觉你的魅力，就应尽量做年轻的装扮

有一位著名的模型船收藏家，他家里的每一个角落都摆了各式各样的模型船。除了这项兴趣之外，他对组织乐团也有浓厚的兴趣，还经常举办各种演奏会。

收集模型船和组织乐团举办各种演奏会的活动，对于他的经济而言，完全没有正面的影响，因此一些较为现实的人，或许会认为他从事这些活动很不值得，但大多数的人却会对他投以钦佩又羡慕的眼光。因为他的做法，可以说是解脱现实社会的各种利害关系，将自己完全地投放到自己的兴趣当中，给人一种纯真的感觉。尤其是男性若能抱有这种纯真少年般的作风，往往会让周围的人感受到一种与众不同的魅力。

因此若想让别人感受到自己的魅力，不妨做年轻的装扮。这里所谓的年轻装扮并非要穿戴成年轻人的样子，而是要由内心深处流露出一种属于年轻人才有的气质！另外，将自己少年时的梦想说给别人听，也是显露自己魅力的好方法。

怎样增加与他人的亲密感？

下面是与人交际时增加与他人的亲密感技巧。

1.强调自己与下属有共同的目标，可以缩短彼此间的距离

以前有一部电影，剧中有位老谋深算的公司经理，计划利用现任职位上的客户资源开办一家新公司赚笔大钱，于是他找了两名以前的手下，共商创业的事。后来他发现若只有他们三个人，人数太少，将很难成功。于是他要他的手下另外再找七个人，以便组成十个人的创业团队。他的手下顺利地找到了他们所需要的人手。但这位经理却发现，他与这七个新伙伴根本就不认识，他们是否值得信任实在是一个大问题。于是他想到了每晚分别与一个新伙伴共进晚餐的好办法。席间他除了交代各人所负的任务之外，还郑重地向他们表示“我也跟你们一样需要钱！”。结果由于彼此有了共同的目标，这个计划最后终于成功了。

事实上像上述例子中这样沟通彼此间共同的目标，往往可以迅速地拉近彼此间的距离。这就和一旦发生战争，国民间的感情就会迅速地拉近的道理是一致的。我们若能将这一技巧应用到工作上，往往会获得意想不到的好效果。

2.与人初次相见，坐在他的旁边较易进入状态

相信每个人都有过这样的经历，那就是与人面对面谈话时，往往会特别紧张。因为人与人一旦面对面，眼睛的视线难免会碰在一起，容易造成彼此间的紧张感。

相反地，与人肩并肩谈话，在精神上绝对比面对面谈话要来得轻松。因此与人初次相见，坐在他的旁边往往较容易进入状态。这一点同样适用与异性约会的时候。

3.尽量制造与对方身体接触的机会，可以缩短彼此间心理的距离

有位评论家曾经说过，有一次他去百货公司买衬衫时，售货员小

姐立刻拿皮尺，帮他量颈围。由于此时的售货员必须与他靠得很近，所以会使他产生好像与亲人在一起的感觉，而生意也在这种气氛下成交。

事实上，每个人都拥有一个无形的“自我保护圈”。除非是非常亲密的人，否则不容易侵入这个范围。但反过来说，若对方已经侵入了这个圈内，则往往就会产生对方是自己亲密者的错觉。

一本杂志上有一句很有趣的话；只要男女开始勾肩搭背，他们就已经是情人！的确，人与人之间有了直接的接触，彼此间的距离会一下子缩短了许多。

因此若想在短时间内，缩短与刚认识的人之间的距离，最简单的方法就是尽可能地制造与对方身体接触的机会。

4.面带微笑地谈话更能拉近彼此间的距离

著名的节目主持人崔永元，之所以会受到大众的欢迎，并非由于口才特别好，而是由于他总是能微笑着听人说话。

同样，虽然说些笑话有改善彼此间紧张关系的作用，但有时一不小心，也可能会弄巧成拙。因此，与其费尽心思逗人笑，不如认真听对方说话自己笑，反而可以拉近彼此间的距离。大家一起笑，很快地就能消除彼此间的紧张感，并且可以在很短的时间内建立亲密感。人与人之间的关系，也会因此获得很大的改善。

5.若与对方有共同点，就算再细微的也要强调

“你家住哪？”“喔，那个地方我以前常去，附近是不是有一家卖香烟的杂货店？”像这样，为了缩短与对方之间的距离，只要是可以拉近彼此距离的话题，就算再细微的也要强调。

人与人之间一旦有了共同点，就可以很快地消除彼此间的陌生感，产生亲近的感觉。这样不但可以使对方感到轻松，同时也能促使对方说出真心话。

事实上，我们每个人都有这样相同的心理。例如两个陌生人一

旦发现彼此竟然曾就读同一所小学，顷刻间就会产生“自己人”的感觉，立刻会打成一片。找一些共同点强调一下，往往会收到意想不到的效果。

6.将与自己关系密切的人名，写在电话记事簿的首页，会让他欣喜万分

当你到一位交往很久的同事家做客，你们尽兴地聊完准备回家的时候，他对你说：“这些文件待会儿再送到您家。”说完他顺手打开电话记事簿，准备确认你的电话号码与住址。突然间你发现，你的名字竟然被写在第一位！其实，你当时一定非常高兴！

每个人对“自己”都非常敏感，因此一旦发现自己受到与众不同的待遇时，不是感到非常兴奋就是感到非常愤怒！

如果将与自己关系密切的人名，写在备忘录的首页，往往可以让对方感到高兴，而收到意想不到的效果。

有一位在心理学方面很有研究的学者，有一次应邀去演讲。他刚刚到达会场，主办这次演讲的主持人竟然没头没脑地问他：“您是学什么的？”既然请他来演讲却又问他是学什么的，着实让他火冒三丈！当时他立刻就拂袖而去。请人来演讲或帮忙，事先多少应对对方有所了解，是必要的礼貌。因为每个人都希望获得别人的关心，一旦感觉别人忽视了他，任何人都会感到不愉快。相反，若表现出了解他，很关心他的样子，别人就会因高兴而对你留下好印象。

表示对别人关心的方法很多，其中记住对方曾经说过的话，然后向对方表示“您曾说过……”，是相当好的一种方法。另外，记住对方的兴趣、嗜好或计划等，再找个机会赞美他一番，也是一种很好的方法。

7.任何事都先征求对方的意见，可使对方感受到被关切之情

几年以前，一位教师曾经帮他的一名学生牵红线，让该学生与一个女孩子相亲。相亲的地点安排在一家大饭店的餐厅举行。当教师问

他的学生“你要点什么”时，他的学生竟然没有回答，反过来问那位女孩要点什么。

他的这一反应让教师放心了。教师想，这次相亲一定会成功。果然没错！因为任何事都先征求对方的意见，可以使对方产生被关怀的感觉，对方当然会留下好印象。另外，征求对方的意见，还可以给人一种被赋予选择权的感觉，而选择权在现代的社会又通常是达官显贵的特权。由此联想，就会让对方产生自己在这群人中最受尊重的感觉，当然会觉得非常舒服。任何人被人尊重，绝不会不高兴。

8.指出对方的服装或饰物上的小变化，可使对方感觉我们在关心他

一般丈夫都不太懂得奉承自己的太太，更不会拍太太的马屁。例如太太去美容院回来，丈夫内心也觉得她的确比以前漂亮了，但却不会顺口赞美她几句。而太太本身也由于得不到丈夫的赞美，往往会产生“丈夫不关心我”的感觉。

每个人都希望被人关心，并且对于关心他的人，会很自然地产生好感。因此若想让对方对自己产生好感，最好的方法就是积极地表现出你在真正关心对方。因此，我们对于对方的服装或随身饰物等，要随时注意，稍有变化就赞美他几句，这样往往可以让对方感到愉快！

上述的方法对女性尤其重要。因为女性往往比男性更重视自己的容貌与装饰。对方一旦觉得你在关心他，就会自然地对你产生亲切感。

9.若想让对方觉得我们关心他，就该夸赞他的各种潜力

对于关心我们的人，除非他的关心会伤害到我们，否则对方的一切我们大都不会计较。尤其是当对方关心与我们自尊心有关的问题时，我们往往会对他产生好感。

那么怎样的问题，才是与自尊心有关的问题呢？其实，夸赞对方的各种潜力，就是很好的方法。例如，与其说“你的发型很好”，不

如说“若再剪短一点会更可爱”，这样说，对方就会觉得你是真正地关心他，自然会对你留下好印象。

10.使用“请教”“帮我”等语气，较易获得对方的好感

有些人天生就有老人缘。而社会上真正掌握权势的又大多数是一些老年人，所以这些人往往就因此而可以平步青云。事实上，他们并没有使用什么特殊的方法，他们只不过是常用“请教”的姿态，来争取老年人的喜爱。

另外一种常用的方法是撒娇。事实上，任何人对跟你撒娇的人，通常都不会产生坏印象，而且会觉得对方很可爱。

虽然撒娇能否成功，是否恰到好处，与撒娇者个人的“天赋”有绝对的关系，但一些技巧却也可以影响撒娇的成败。例如：我们可以用“请教”“帮我”等语气，来达到撒娇的目的。若对方是自己的前辈或同乡等，与自己有某种关系的人，采用这种方式将会有相当高的成功率。另外，若对方是同事或年长者，这种方法也会有不错的效果。

试想，别人尊称一句“前辈，一切拜托你了”，他那种尊敬你的心情，怎会不博得你的好感，对待这样的晚辈，你又怎么忍心不去帮助他。

11.常用“我们”这两个字可以拉近彼此间的距离

有位心理专家曾经做过一项有趣的实验。他让同一个人分别扮演专制型、放任型与民主型等三种不同角色的领导者，而后调查其他人对这三类领导者的观感。结果发现，采用民主型方式的领导者，他们的团结意识最为强烈。而研究结果又指出，这些人当中使用“我们”这个名词的次数也最多。

事实上，我们在听演讲时，对方说“我认为……”带给我们的感受，将远不如他采用“我们……”的说法，因为采用“我们”这种说法，可以让人产生团结意识。

小孩在做游戏时，常会说“我的”“我要”等话，这是自我意识强烈的表现。在小孩子的世界里或许无关紧要，但若长大成人以后仍然如此，就会给人自我意识太强的坏印象，人际关系也会因此受到影响。

人的心理是很奇妙的，同样的事往往会因说话的态度不同，而给人完全不同的感觉。因此善用“我们”来制造彼此间的共同意识，对促进我们的人际关系将会有很大的帮助。

12.会话中多叫几次对方的名字可以增进彼此间的亲近感

欧美人士常会在谈话中，不断地称呼对方的名字，往往会使刚刚才认识的人产生彼此已经认识了很久了的错觉。因此会话中多叫几次对方的名字，可以增进彼此间的亲密感。

13.记住对方“特别的日子”（如结婚纪念日、生日等），可以给对方增加好印象

相信许多人若不是太太提醒，往往会忘了结婚纪念日。如此健忘，太太当然会怀疑他是否还真的爱她。

技术高明的推销员，就会善用这项人们常会忽略的事，来达到加强对方对自己的好感的目的。例如，他们会在对方的生日，打个电话祝他生日快乐，或者当对方的结婚纪念日快来时，寄一张贺卡。虽然这都只是一个小小的动作，但却会有意想不到的好效果。

14.赞美对方较不易为人所知的优点，可以加深对方对你的好印象

就算再差劲的人，也会有一两处值得赞美的优点。例如，一个人或许没有什么优点，但玩台球的技术却很高明，或者酒量非常好等都可以加以利用。有的人很在意自己的这些小优点，有的人根本就不在意。但无论如何别人赞美他，一定会使他感到高兴的。

有时锦上添花式的赞美，引不起对方太大的喜悦。例如，对一位已被公认是很漂亮的女孩子说，你真漂亮，由于她平时已被夸赞惯了，所以很难让她觉得兴奋。相反，若能找出对方较不易为人所知的

优点，则往往可以使对方感到意外的喜悦。

15.每次见面都找一个对方的优点赞美，是拉近彼此间距离的好方法

有一家商店生意非常兴隆，原因就在于他们店里的每一位店员，都不断地与购物的人聊天。他们除了会向客人打招呼之外，还不断地找客人的优点来夸赞。例如，他们会向一位太太表示“您这件洋装很漂亮”，然后向另一位太太表示“您的发型很好看”。他们虽然不断地赞美别人，但却是按每一位客人不同的个性，选择适当的赞美词。

因此，很自然地这些客人在潜意识中，就会产生到这家商店购物就可以受到赞美的心理，而越来越喜欢到这家商店。

如果我们每次见面都被人夸赞，自然而然地会想再见到这位赞美我们的人，这是任何人都会有的心理。因此每次见面都找出对方的一个优点来赞美，可以很快地拉近彼此间的距离。

16.见面时间长不如见面次数多

据说必须靠拜访客户来争取业绩的工作，最有效的工作方法，就是经常到客户那里去坐一坐。它的道理就类似我们读书时，同样是读12小时，但连续读12小时，其效果绝对不如一天读2小时，连续读6天的效果好。

人际关系的培养，主要是要让对方觉得自己亲切而留下好印象。而逐次给对方留下的好印象，将比集中一次让对方留下的好印象更不易被淡忘。

通常有人认为，偶尔陪人通宵达旦饮酒或聊天等，可以很快拉近彼此间的距离，而让人留下很深刻的印象，但这样造成的好印象，若不继续加强，很快就会消失。试想，当别人问“你和某某人的关系如何”时，其一是“我们只见过一次面”，其二是“我们偶尔见面”，其三是“我们时常见面”。这三种答案，给人的印象当然有很大的差别。因此，若想与人建立亲密的关系，记住，见面的时间长不如见面

的次数多。

17.“投人所好”，可以加强对方的好感

有一位朋友，一向习惯在别人名片背后，密密麻麻地写上一大堆资料，起初有人以为他是为了便于了解对方才故意记录的。后来才发觉他的真正用意，比别人想象的还高明，使人更加佩服！原来他所写的资料，并不是对方的年龄、籍贯等，而是记载自己如果下次再与他碰面时，必须做些什么！其中他最重视的，是对方的兴趣。他会刻意搜集与对方兴趣有关的所有资料，并于下次见面时将这些资料(情报)当作“礼物”馈赠。例如，对方的兴趣是钓鱼，他就会收集有关钓鱼这方面的资料，并于下次见面时与他大谈钓鱼之道。当对方一听到他对钓鱼如此了解，会产生“同好”而感觉倍加亲切。

或许有人会认为如此太过于功利主义，但事实上却不尽然。收集各种资料，不但下次见面可以有共同的话题，对于自己知识领域的充实也是有利无害的，并且以长远眼光来看，这将是一项非常有用的自我表现方法。

18.表达感谢之意，写信比打电话好

由于电话、手机、QQ、微信的使用，我们往往忘了写信的作用。但若要加强对方的印象，尤其是需要向对方表达感谢之意时，写信的效果比打电话好得多。

为什么呢？因为写信比打电话麻烦，写信往往给人一种有诚意的感觉、并且信件可永久保留，每读一次信件，对对方的印象就会不由自主地加深一次。另外，信函是一种视觉的效果，通常视觉效果，比听觉效果给人的印象更深刻。

还有一点也相当重要，那就是有些在电话中不大好意思说的话（例如“此恩终身难忘”等），用信函来表达就容易的多了。

信函的内容在“密度”方面，也比电话强多了。试想，我们若将电话中三分钟所讲的内容，用文字来叙述，其字数将会有多少！因此我们不难了解，打电话时我们必定说了不少废话，写信就可以避免这种缺点！因此，我们应该尽量以写信代替打电话，这样不论在哪一方面，都可以给对方留下较好的印象。

19.想缩短与异性间的距离，应该直呼其名而不要连名带姓地叫

有人说，男女之间的交往，可以由相互称呼对方名字的改变情形，看出彼此间关系的进展。事实上，男女之间刚开始交往时，通常都是连名带姓地叫，等到关系比较亲密后，就直呼其名了！

因此若想缩短与异性间的距离，就应该直呼其名，避免连名带姓地叫。

20.想缩短与紧张者间的距离，可以采用稍微粗鲁的举动

有一位教授与人一起进餐。许多第一次与他见面的人都会感到紧张，有时就算他再三地向他们强调不要紧张也没有用。此时他就会使出他的最后法宝——脱掉上衣（甚至连衬衫也脱掉），拿起桌上的蛋糕就吃！紧张的人看到了这一情形，虽然会愣一下，但随即就会完全放松了。与此相反，譬如，上司正襟危坐在上，然后向下属表示“今天有意见的可以说出来，不要客气”。在这种情况之下，哪一个职员敢吭声呢?

如果对方处于紧张的状态，我们不能消除对方的紧张感，就无法与对方建立亲密的关系。因此想缩短与紧张者之间的距离，不如用粗鲁点的举动，往往可以收到意想不到的效果。

21.有时用粗鲁的方式说话，可以缩短彼此间的距离

下属对上司说话，不用尊敬的语气是不对的，但上司对下属若采用较粗鲁的方式说话，有时反而会让人觉得亲切。

有的人就因为看起来太严肃了，因而在不知不觉中吃了闷亏。这些人若能在某些场合用粗鲁的方式说话，将可以收到使人觉得亲切的效果。

22.穿着与同事类似的服装，可以缩短彼此间的距离

物以类聚，穿着打扮类似的人，往往容易聚在一起。这种现象在心理学上称为“同步化”。因为人类可以借着与周围的人共同的行动，获得安全感。

事实上，穿着类似的服装，并不是女性的专利，男性在公司穿着与同事类似的服装，也具有缩短彼此间距离的作用。

有的记者会因采访的对象不同，而改穿不同款式的服装，以便增进与被访问者间的亲密感。服装的重要作用由此可见一斑。

23.善用口头禅可以加深别人对我们的印象

有位名作家，他每次接电话时，开口总是先说“我是可怜的人”。为什么要加上“可怜”两个字呢？据说这是他为了逃避编辑们向他催稿而想出的一种绝招。试想，他自己已经说出他为了赶稿、交稿忙得筋疲力尽，这么“可怜”的人，编辑又怎么忍心再向他催稿！

事实上，使用这种方法除了有上述的功效之外，同时还具有让对方留下深刻印象的作用。

有一位从事推销工作，业绩相当不错的朋友，他的推销绝招就是常常打电话给他的客户，并且对方一接电话，他就立刻用很开朗的声音问道：“最近好吗？”结果每次客户一接到他的电话，听到这句问候语时，就知道是他，并且还对他留下深刻的好印象。每个客户都对他留下好印象，他的业绩当然会好。像这样善于利用类似口头禅的话，往往可以让对方留下深刻的好印象。

24.闲聊自己曾经失败的事，比谈自己成功的事，更易拉近彼此间的距离

男人聚在一起，大多会谈些不登大雅之堂的话题，来拉近彼此间的距离。此时若谈自己曾经失败过的事，会比谈自己成功的事，更容易拉近彼此间的距离。因为老是炫耀自己成功的光荣事情，容易让人产生反感，从而留下不好的印象。

用何种技巧获得他人好感?

社交中如何获得别人的好感呢?可以从下面几个方面入手。

1.多提善意的建议

当一个人关心你时,只要这份关心不伤害到自己,并且对方还提了一些善意的建议,你当然会欣然接受,对这个人产生好感。那么,反过来你对别人若也如此,别人也会同样对你产生好感。

满足他人自尊心最佳的方法就是饱含善意地建议。对方是全职妈妈时,仅说“你的孩子很有教养”,只不过是句单纯的赞美词;若是说“你培养孩子的方法很有一套,但注意不要束缚了孩子的天性”,对方定能感受到你对她的关心。若是能不断地表示出此种关心,对方对你必然更加亲切信任。

2.偶尔暴露自己一两个小缺点

有时坦率地暴露缺点,反而会迅速获得对方的信任,给对方留下一个正直、诚实的深刻印象。

只是暴露自己的缺点并不是毫不保留地将所有的缺点都暴露出来,如此做,反而使人认为你是个毫无可取之人,因而丧失了你的信任。

暴露的缺点只要一两个就可以了,可使他人把这一两个缺点和其他部分联想在一起,因而产生其他部分毫无缺点的感觉。但这绝不是狡诈,只是交际的策略和需要。因为也没有人会拿自己的缺点和别人交往。“这个人有点小缺点,但是其他方面挑不出毛病来,是个相当不错的人。”类似上述的想法就能深深植入他人的心中。

3.记住对方所说的话

招待他人或是主动邀约他人见面,事先多少都应该先收集对方的资料,这是一种礼貌。换句话说,表现自己相当关心对方,必然能赢得对方的好感。

记住对方说过的话,事后再提出来做话题,是表示关心的做法之一，也是说话的策略之一。尤其是兴趣、嗜好、梦想等事，对对方来说，是最重要、最有趣的事情，一旦提出来作为话题，对方一定会觉得很愉快。在面试时，不妨引用主考官说过的话，定能使主考官对你另眼相看，留下深刻的印象。

4.注意对方微小的变化

不论是谁，都希望得到他人的关心。而对于关心自己的人，一般都具有好感。因而，若想获得对方的好感，首先必须积极地表示出自己的关心。只要一发现对方的服装或使用的物品有些微小的改变，不要吝惜你的言词，立即告诉对方。例如：同事打了条新领带。“新领带吧？在哪儿买的？”像这样表示自己的关心，绝没有人会因此觉得不高兴。

另外，指出对方与往日的变化时，愈是细微和不轻易发现的变化，愈使对方高兴。不仅使对方感受到你的细心，也感受到你的关怀，转瞬间，你们之间的关系就会远比以前更亲密。

5.呼叫对方的名字

欧美人在说话时，频频将对方的名字挂在嘴边。例如：“来杯咖啡好吗？莱克先生。”“关于这一点，你的想法如何？莱克先生。”这种说话方式往往使对方涌起一股亲密感，宛如彼此早已相交多年。其中一个原因是他感受到对方已经认可自己了。

在我们的社会里，晚辈直接呼叫长辈的名字，是一种不礼貌的行为。但是，平辈之间借着频频呼叫对方的名字，来增进彼此的亲密感，应是个非常有益于彼此交往的方法。

6.注意细节投其所好

有位朋友有个奇怪的习惯，总是把他人名片的背面写得密密麻麻。与其说他是为了整理人际资料或是不忘记对方，倒不如说是为了下一次见面做好准备。也就是说，将对方感兴趣的事物记录下来，再度见面时，就可以对方感兴趣的事情作为话题。即使只是见过一次面的人，若能记住对方的兴趣，对方必然会感到你对他的重视，会对你产生很大的好感。

7.温暖的微笑

在与人交往中，不管是同意人家的意见还是不同意，都不要摆出一副冷冰冰的面孔，谁也不愿意和冰冷态度的人谈话。即使是出于某种无奈而非谈不可，在心底也已经产生了反感。试想，这样的谈话能有好结果吗？因此，在交往中要学会笑，学会用笑打开局面。不论对方是谁，有怎样的见解，如何让人讨厌，你可以不和他交谈或躲开，但摆一副冷面孔总是无益的。

面对别人的指责时怎么办？

遭人指责抱怨，是件极不愉快的事，有时会使人觉得很尴尬，尤其是在大庭广众面前受到指责，更是不堪忍受。但从提高一个人的处世修养角度讲，无论你遇到哪种情况的指责，都应该从容不迫，对者有则改之，错者加以耐心解释，泰然处之。为摆脱指责的尴尬局面，不妨采纳心理学家提出的以下建议：

1.保持冷静

被人指责总是不愉快的。面对使你十分难堪的指责时，要保持冷静，最好暂时忍耐住，并做出乐于倾听的表示。不管你是否赞同，都要待听完后再做解释。因对方的一两句刺耳的话，就按捺不住，激动起来，硬碰硬，不仅解决不了问题，还易将气氛搞僵，使主动变为被动。

2.让对方亮明观点

有些指责者在指责别人时，往往似是而非，含糊其词，结果使人不知所云。这时，你可向对方提出讲清问题的要求，态度要和气，如“你说我蠢，我究竟蠢在哪里”或者“我到底干了什么傻事”，以便搞清对方究竟指责和抱怨你什么，让对方及时亮明自己的观点和看法。这一策略往往能有效地制止指责者对你的攻击，并能将原来的攻防关系转变为彼此合作、互相尊重的关系，使双方把注意力转向共同感兴趣的问题。

3.消除对方的怒气

受到指责，特别是在你确实有责任时，不妨认真倾听或表示同意对方对你的看法，不要计较对方态度的好坏。这样，指责完毕，气也消了一半。即使当你确信对方的指责纯属无稽之谈时，也要对其表示赞同，或者暂时认为对方的指责是可以理解的。这会使对方无力再对你进行攻击。相反，你却可以获得更多的机会和时间进行解释，从而消释对方的怒气，使隔膜、猜疑、埋怨和互不信任的坚冰得以化解。

4.平静地给恶意中伤者以回击

现实生活中，大多数指责者并不是出于恶意而指责别人。但是，确有极少数人为了其个人目的而对他人进行恶意中伤。对于这样的寻衅挑战者，应该坚定地表示自己的态度，不能迁就忍耐，更不能宽容而不予回击，应注意态度，以柔克刚。这样，会使你显得更有气魄，更有力量。

为什么对人不要太“好”？

对向你示好的人不友好是不提倡的，但对人太好，也会给你带来意料之外的麻烦。

相互满足某种需要，是维持人际关系所必需的。卡耐基曾经指出，人际交往要遵循功利原则，即人际交往是满足人们各种需要（包括精神需要和物质需要）的活动。心理学家霍曼斯也提出过，人与人之间的交往本质上是一种社会交换，人们都希望在交往中得到的不少于所付出的，如果得到大于付出，人们的心理会失去平衡。人际交往中，对人的“好”维持在一定限度是有必要的。不要以为自己全心全意为对方做事就会得到对方同样的回报。因为对方如果一味接受你的付出，却感到无法回报或没有机会回报的话，他就会背上沉重的心理负担，从而可能选择逃避。

对人“好”有余地，适当地保持距离，应该作为一项重要的交际准则。而且对人好的同时，要适当给别人回报的机会。留有余地，彼此才能自由畅快地呼吸。

PART 9

爱情心理学部落

爱情需要每日修习，要获得幸福就需要两个人共同努力。真爱、假爱、错爱，你需要认清爱情。爱情是门必修课，不懂心理学你就输了。

为什么男人喜欢美女?

被为人们所公认的是，人的外表的确会影响其吸引同伴的能力。当碰到一个人时，90%的人都会在几分钟之内形成自己的判断，而在最初的10秒中，对于其外表的判断就已经形成。科学研究表明，人们会本能地将诚实、聪明、友善等优良品质与漂亮的外表联系起来。这种判断是下意识的，我们往往察觉不了。

多伦多大学的学者们曾经对1976年加拿大联邦大选结果进行分析，得出了一个结论：相貌出色的候选人的得票数是相貌平平者的2.5倍，尽管他们的政治才能相差无几。20世纪70年代，在就如何严肃对待总统竞选这个问题上，美国前总统尼克松慎重地给了总统参选人爱德华·肯尼迪一个诚恳的建议：减去20磅体重。当然，从政治层面讲，人的外表对决策不应该产生影响，但是似乎那些看起来更有魅力的人会更有才干，这就是外表对于一个人的重要性。

男人为何不爱女强人?

一项刊载于《进化暨人类行为》期刊上的研究指出，男人比较喜欢职位较自己低的女性当伴侣。这项研究是由一名女性和一名男性所共同进行，分别是密西根大学的布朗和洛杉矶加州大学的布莱恩。

布朗和布莱恩对超过300名大学生进行研究，其中120名为男性；研究人员观察优越感是否会影响选伴的意愿。这里的优越感和人格无关，主要是身份地位和权力。

参与者被问道，请试想自己处在一个工作环境中，他（她）们在读着关于“志明”（约翰）或“春娇”（珍妮弗）的数据，其中提到对方可能会是他（她）们的助手、同事或上司；他（她）们同时看到“志明”和“春娇”的照片，从相片可看出两者相仿的年龄和吸引力。接下来，参与者就他（她）们对这虚构的人物，是否有兴趣在下班后约会进行评分；他（她）们将“志明”和“春娇”的外表进行分类：没有伴侣的活跃人物、一夜情的对象、约会的对象以及可结婚的对象。

当问及谈恋爱或性爱选择时，参与者只检视了想象伴侣中的那位异性；他（她）们同时也被告知公司并无规定员工不准谈恋爱或滋生办公室恋情。

男性较倾向选的伴侣会是他们工作上的助理，相较于一时的放纵或是运动伴侣，特别是在较高风险的长期关系中，如结婚或是约会，特别会有这种倾向。女性并不会特别考虑优越感。

这项研究发现并没有让布朗和布莱恩感到惊讶，布朗和布莱恩预期，男性对被描绘成是他助理的女性会较感兴趣，而对被描绘成他的同事或上司，则是不太感兴趣。

男人为何不喜欢女老板?

对于女性站在商界巅峰的不适感由来已久。在《哈佛商业评论》进行的高级工商主管调查中，2/3的男性主管和1/5的女性主管表示在女老板手下工作感到不舒服。而近期许多研究表明，无论男女都并不倾向于接受女老板的领导。

男人为什么不喜欢女老板？下面是一些典型的原因表述：

女老板缺乏魄力。她们更迟疑，不能决断，“她们的管理水平相对比较低，因此她们更容易输”。

女老板事多。“她们对于别人的意见太敏感，她们容易找茬儿。”

女老板太小气。她们“老记着自己是老板，摆着老板的架子，怕你忽略了她是老板”。

女老板容易把事情处理得个人化。她们不够职业化，“眼光也不够”。

女老板更注意效率和细节。她们是制度的奴隶，疲于关注细碎事务，“把人看得太紧”。

女老板更能挑毛病。“女人要比男人挑剔。”

跟着女老板没什么面子。“你见过哪个优秀的男人给女人拎包的？”

女人眼中什么是成功的男人？

女士们认为，男人成功的途径可能各不相同，但成功的男人都有一些共同的心理特征：

（1）有主见，即通常非常执意于自己的决策，不习惯只听命于人。

（2）自信，即成功男人都有很强的自信心，有时表现出咄咄逼人的感觉。

（3）急迫感，即创业家通常很急于想见到事物的成果，常给别人带来许多压力。

（4）脚踏实地，即做事实在，不会为了使自己舒服一点而马虎从事。

（5）崇高理想，即为实现个人的理想而不会计较虚名。

（6）情绪稳定，即成功的男人通常不喜形于色，也少在人前抱怨，发牢骚。

（7）喜欢挑战，即喜欢承担风险，但不盲目地冒险。

（8）身体健康，若君有某种宿疾，则创业之路困难重重。

（9）知识广泛，即大事小事无所不知。既了解事情全盘，又明察秋毫。

（10）超人能力，即能在杂乱无章的事物中，整理出一套逻辑的构架。

（11）客观的人际关系态度，即为了事业而给人“大公无私，就事论事”的感觉。

女人心中什么是成熟的男人？

在女人心目中，成熟男人的标准是这样的：

（1）成熟的男人应该有经济基础。尤其当男人成熟到想成为她的丈夫，既然人们用金色来形容收获，女人也就理所当然地用金钱来判断男人的成熟。

（2）成熟的男人应该有事业基础。也许发财并不是每一个男人都能做到的，但如果他自己都觉得一事无成，在女人心目中又怎能立得起来呢？

（3）成熟的男人知道自己想要什么，而不是什么都想要。懂得坚持也懂得放弃。

（4）成熟的男人勇于承担责任。虽然有些过错并不都是他造成的。

（5）成熟的男人是宽容的。过于计较是男人最不能原谅的错误。

（6）成熟的男人拥有大智慧而不是小聪明。

（7）成熟的男人一言一行都能让女人学到很多东西，而小男生只能让女人教他。

（8）成熟的男人懂得珍惜和照顾女人。出去郊游，他一定不是自顾自跑在最前面的人。

（9）成熟的男人不会在大街上和女人吵架。

（10）成熟的男人不会强迫女人穿他喜欢而她不喜欢的衣服。

（11）成熟的男人不会随便和女人开低级玩笑。

（12）成熟的男人让女人知道她错了，却不会让她没面子。

（13）成熟的男人让女人放松而不会让女人紧张。

（14）成熟的男人在女人面前既会做父亲也会做儿子。

（15）成熟的男人会把他的儿子培养成真正的男子汉。

为什么男人不坏女人不爱？

男人不坏，女人不爱。为什么会这样呢？首先是中国的男人不浪漫。和他们在一起就像开会，他们说话也像红头文件。和他们在一起一天就知道一生的情形，这对生性浪漫的女人来说，简直就是谋杀！

欺骗女人不是错，骗得不好才是错！这就是为什么女人都喜欢坏男人的原因。因为坏男人浪漫，坏男人会说女人喜欢的甜言蜜语。现代社会每个人都忙碌，特别是男人。他们总把自己想得很伟大，要承担起好多的责任，在这种情形下，试想有哪个男人有时间有心情会去骗一个自己毫无感觉的女人？

当一个女人抱怨一个男人欺骗她，那是因为这个男人不想再骗下去了。如果没有一个更会骗、更好的男人出现，那么这个男人就会成为她心里一座无法超越的高峰。

为什么坏女人反而惹人爱?

坏女人浑身散发着一种危险气息，像是在说：我跟你是不同世界的人。对男人而言，一个知道自己是什么，知道自己要什么，对自己自觉而自傲的女人，是全天下最有吸引力的动物。

当那些良家妇女，自怜自艾地怀疑着“他喜欢我吗？他觉得我怎么样？他到底看上我什么”时，这些坏女孩的脑子里可在盘算着“跟这个家伙在一起，对我有什么好处”。而当这些良家妇女们正忙着找理由肯定自我时，坏女孩们已经利用她们宝贵的时间来逗男孩们开心了。事实上，这些坏女孩们搞不好才刚使出了几招，这些男孩就会乖乖上钩。

被男人团团围住的女人，并没有什么特别之处。很多时候，她们不过是表现得漫不经心。乖乖女一般会说：我不想游戏人生。她就让男人明白了，她多么怕他抛弃她。如果一个女子午夜驱车去看一个男人的时候，她的车顶上只缺少一个霓虹灯标志：送货上门。

渴望着要不到的东西，是人类的天性。而对于单身男性来说，这种诱惑特别强烈。千辛万苦才得到的女孩，对男人来说，就像是征服了人生中的一个伟大里程碑。而且这个得来不易的女孩，在他的心目中将比轻易到手的女孩更有价值。

小女生为何会爱老男人?

女性喜欢年长的男性主要就是因为年长的男性拥有更多的资源，且社会地位也比较高，这可以带给她们生活上的保障。从生育能力和身体的健康方面讲，年长的男性显然不如年轻的男性；但若要论拥有的资源和社会地位，年轻的男性就不如年长的男性了。生殖利益对女性来说远没有对男性重要，而且女性自己可以照顾孩子，但在相当长的一段时间，女性都是没有生活来源的，她们的生活主要靠男人供给，所以她们更需要生活上的保障，这是她们爱上年长男性的主要原因。

老男人的好处是成熟稳重。他们处事不惊，善于左右逢源，能够驾驭四方，出手沉稳，决策果断。遇到危险的时候他们能够镇定自若地保护女人，而小男人可能就会惊慌失措。当女人遇到难题的时候，老男人可以不费吹灰之力帮她们化解，让她们放心。

老男人比小男人更懂得如何疼爱女人，如何让女人快乐。铁骨铮铮的男人也有疲惫的时候，老男人敞开心扉，向比自己小十几岁的女孩倾诉自己的辛酸和无奈时，反而会激发女孩的母性情怀。反过来，年轻的女孩能够从老男人那里得到父爱般的呵护。在一些组合中，他们确实能够满足彼此的需要。

大女人为何喜欢小男人?

有些事业有成的女人感慨：如果一个女人到了38岁的年龄还能吸引20来岁的小伙子，那说明她是真有魅力！

有的成熟女人说：“我梦中的白马王子一直是那种年轻纯洁、修长而秀气的男孩子，而现实中即使我遇上这样的男孩子，也只能把他当成眼里的风景，以我的年龄和背景是不敢妄动情的。”但这样的心迹，在当今社会中正在受到冲击。例如有的大龄女性，即使年近不惑，依然爱看爱买那些很前卫很流行款式的服装，而以传统之见，到了这样不尴不尬的年龄，似乎该与流行保持一定的距离。但答案往往是：我喜欢比自己年轻的男子，因为他们年轻有活力，掌握新技术快，观念更新也快，和他们在一起总能感受到青春和时代的气息，从而忘记自己的年龄。所以我总是在服饰方面与潮流保持步调一致，这样首先在外观上就混迹其中了。

如今女人的花期在延长，这样经岁月而不老、处潮流而不惊的女人比比皆是。也许，吸引她的男子往往不是那种拥有金钱和权利这把双刃剑的，而是身上散发着生气与活力的男子。

许多成熟女人同样喜欢比自己年龄小的男人，就像男人永远喜欢年轻姑娘一样。只不过中年甚至老年男人喜欢年轻姑娘似乎是天经地义的事，而中年女子喜欢年轻小伙说出来就不那么中听了。

女人在交往中最吃男人哪一套?

在异性交往中，女人究竟最吃哪一套？男人又该如何做才能打动女人的芳心呢？这要从心理学的角度予以阐释。

（1）鲜花攻势。虽然十分老套，但鲜花依然是经典且历久不衰的武器。鲜花仍是女人很难抗拒的求爱强心针。持续3个月，天天送一捧玫瑰花，肯定有效；或者挑个特定的日子，一口气送去千朵玫瑰。要知道，女人鲜有被花海包围而不感动的。

（2）意外惊喜。出其不意地制造意外惊喜，自然也是女人难以招架的奇招。

（3）甜言蜜语。一个男人要让一个女人爱上并不难，只要在适当的时机用对了方法，刹那间即能擦出爱的火花。

为什么男人和女人会日久生情?

为什么常常见面的男女更易于产生爱情？也就是说，人们为什么会日久生情？对于这一现象的解释，一种观点是，相较其他不怎么接近的人，你更易于能够享受到周围的人提供的各种回报。比如说，你与一个相距较远的人交往，你需要花费更高的成本、支付更多的努力——如长途电话费和为了相见而在路上花费的时间。相应地，你所获得的回报却很少——对于一个近在咫尺的人，当你需要被人安慰的时候，你可以尽情地面对面向他倾诉，甚至趴在他的肩膀上哭泣，这时，你的情绪会得到较高程度的抚慰，然而，一个相距很远的人，他所能提供的安慰也只能以短信和电话的形式表达——这种安慰的效果远不如面对面的倾诉和直接的身体接触。

针对接近导致喜欢的现象，心理学家提出了“屡见效应”，即与某人的重复接触不仅不会引发不快，反而会增加我们对他的喜欢。

关于“屡见效应”，研究者提供了这样一个案例，在某个学期里，他们让一些大学女生在某些课上出现15次、10次或者5次，这些学生每次只是坐在那里，从来不和任何人交谈。在学期快要结束的时候，研究者把这些女学生的照片拿给了上这门课的学生，询问他们对于女学生的好感度。结果发现，对于上课的学生而言，那些经常出现的女生对他们有更大的吸引力，他们也更喜欢这些经常露面的女生，而不是那些从来不露面的女子。

不过，虽然熟识能够带来感情的升温，但是这种逻辑并不是放之四海而皆准，一般来说，它不适用于那些面目可憎、难以相处的人，即使与这些人频繁接触，也不会使这些人获得他人的好感。

为什么暗恋者借烛光晚餐示爱？

在光线比较暗的场所，约会双方彼此看不清对方表情，就很容易减少戒备感而产生安全感。在这种情况下，彼此产生亲近的可能性就会远远高于光线比较亮的场所。心理学家将这种现象称之为“黑暗效应”。比如，在灯光昏暗的酒吧、舞厅，一些平时比较怯于与异性交谈的男子也会表现得非常大胆、幽默，蠢蠢欲动地与自己中意的女子搭讪，这就是“黑暗效应”最形象的表现。

关于发生“黑暗效应”的深层原因，社会心理学家解释说，在正常情况下，大多数人都根据对方的身份和性格特点来决定在多大程度上表白自己，对于那些还不十分了解而又愿意深入交往的人，便易于产生戒备感，担心自己由于言语不慎或态度不妥而遭到对方的反感。出于这种心理，人们便会刻意把自己好的一面尽量展示出来，把弱点和缺点隐藏起来，由于交谈的一方或双方都有所保留，这样就很难实现随心所欲的沟通。但是在灯光不明的地方，人们可以很好地掩饰自己的情感和表情，即使出现尴尬情况，也可以装作若无其事的样子，不被对方侦查出自己真实的情感反应，这便导致人们在一些黑暗的地方倾向于回归到真正的自己，甚至有勇气做一些人际冒险的事情，比如向自己暗恋已久的心上人表白示爱、与恋人进行亲密的身体接触等。也正因此，烛光晚餐成了暗恋者表白心意的最好衬托，有一点酒精、有一点暧昧、有一点大胆，这些因素都会增加示爱成功的概率，最终让一段浪漫的爱情关系由此渐入佳境。

为什么越危险爱情来得越快?

阿瑟·阿伦是著名的情绪学家，他曾经做过一个关于情绪反应的现场实验。阿瑟选择一位漂亮的女性作为研究助手，由她到一些大学里找男生中做一个调查，让这些被试者完成一个简单的问卷，然后根据一张图片编一个小故事。参加实验的大学生被分为三组，调查发生在三个不同的地点：安静的公园、坚固而低矮石桥上、一座危险的吊桥。助手对大学生进行完调查之后，她把自己的名字和电话号码告诉了每一个参加实验的大学生。如果他们想进一步了解实验或者跟她联系，则可以给她打电话。研究者所要探讨的问题是：大学生们会编出什么样的故事，谁会在实验后给漂亮的女助手打电话？

参加实验的大学生编撰的故事千差万别，给女助手打电话的人也是各不相同。实验结果最有趣的发现是：与其他两组相比，在危险的吊桥上参加实验的大学生给女调查者打电话的人数最多，而他们所编撰的故事中，也更多含有情爱的色彩。

阿伦结合情绪反应学说指出，相对其他大学生，那些身处吊桥上的参与者在参加调查时，会不由自主地心跳加速、呼吸急促，形成相应的恐惧情绪，这时他们就会对自己的生理表现寻求一个合适的解释——一是因为调查者的无穷魅力让自己意乱神迷；二是因为吊桥的危险让自己心更加恐惧。两种解释看似都有道理，但是真正的原因却难以确认。在这种情境下，吊桥上的大学生对自己生理唤醒进行了错误归因，即他们是因为对调查者产生激情而心跳加速，而不是危险的环境。这便导致很多吊桥上的大学生对自己身边的调查者产生了更多的兴趣，更多地拨通了漂亮女调查员的电话。

“吊桥效应”就是这样的现象：当一个人看见自己喜欢的异性时，会为可能出现的各种情况做出准备并及时反应，供血速度增加，心跳也随之加快，反之可以逆推，心跳越快就越对异性有感觉。当一个人处于一个极度紧张的环境下，如过吊桥的时候，心跳会加速、肾上腺素分泌加快，如果看见桥对岸站着异性，就会发现自己对他产生好感——其实这种感情并不算喜欢，只不过是桥在晃动时带来的本能的心动感觉。

影视中常有这样的桥段，一个女孩身处危险之中，被一群街头小混混欺负，这时，一个男孩拔刀相助，演绎了英雄救美的浪漫，最后，男孩多半会与女孩确立恋爱关系——这时便出现了“吊桥效应”——在危险的情境中，女孩心跳加快、呼吸急促，当为自己的心理现象寻求解释时，女孩认为这是因为自己遇到了一见钟情的人。

为什么情绪化的女人难对付？

当一个女人难过或是情绪化时，她可能挥舞手臂乱哭乱叫，不停地用感情丰富的形容词讲述自己的感受。她需要被照顾、被关心、有人倾听，但男人只会武断地打断她，认为对方大哭是为了向男人传达这样一个想法：“把我的问题解决了吧。”所以，当女人哭泣时，男人很少安抚她们，而是向她们提供建议。对于女人来说，情绪化的表现是一种交流方式，她可以很快恢复并忘记，但男人却感到对她的问题有责任找到解决办法，否则，就会认为自己很失败。这就是为什么当一个女人情绪化时，男人会感到难受或生气以及想叫她不要哭的原因，并且男人害怕女人没完没了地哭泣。

为什么男人讨厌被劝告？

一个男人需要感觉到他有能力解决他自己的问题，如果他去麻烦好朋友，除非他认为别人有更好的解决方法。

当一个女人试着让一个男人讲他的感受和问题时，他会坚持把这看作是对他的批评，认为他没有能力，而实际上，她是要帮助他使他感觉更好些。对于一个女人来说，提供劝告和建议是希望相互间更信任，而不是看你不行。

为什么女人爱聊天男人爱自言自语?

男性的大脑是高度区域化的，按区域来分类和储存信息。在度过紧张忙碌的一天后，男性的大脑信息会分类存档。而女性大脑并不以这种方式存储信息，所有问题不停地在大脑中涌现，女人从脑中排除问题的唯一方法是把问题说出来，她们的目的并不是要真正地解决问题，而是将问题排除出大脑。

男人把电话看作是将信息传递给别人的沟通工具，而女人则把电话当作联系的纽带。刚和女友度完两周的假，回到家，她们两个还能在电话里聊上一个小时。

男人被要求解决问题时常说“把它交给我吧”，或“我会考虑解决的”。他会毫无表情、默默地考虑问题，只有当他找到答案，他才会说话或高兴地表示。男人在大脑中“说话”，因为这不需要口头表达能力，而女人用口头表达能力来沟通。当一个男人遥望天空发呆时，大脑扫描显示他正在大脑中“自言自语”，女人看到会以为男人不开心，就会尽力和他说话，给他找些事做，而男人常常因为思路被打断而生气话。

如果男人和男人相处时，他们能长时间坐在一起仅有只言片语也不觉得别扭。如果男人安静地与女人坐在一起，女人们会认为他不易接近、沉闷乏味，或者不愿加入她们。如果男人想和女人相安无事，他们就不得不说得多些话。

为什么男人喜欢不停地转换电视频道?

很多女人讨厌男人不停地换电视频道。其实这时候，他不想知道每个台在播什么，他只是在找每个故事的结果。在换台时，他能忘记他的问题，而为电视节目中的人物寻求解决方案。而女人不会总换频道，她们关心电视里的故事情节，感受故事的人物关系。男人在读报时也是这样，女人应当明白当男人读报时，他们不能理会你在说什么或记不得你在说什么，此时很难与男人交谈。

为什么男人就是不说“我爱你”？

说“我爱你”对女人来说不困难，女人的大脑思维结构，使她的世界充满感觉、情感、交流和语言。女人凭感觉就能知道她是处于依恋阶段还是坠入爱河，而一个男人不能完全确定什么是爱情，他可能分不清欲望、迷恋和爱，他所知道的只是不能放弃这个女孩……也许这就是他想象的爱情。

在这种关系维持几年后，男人才认识到自己是否在恋爱。而女人知道爱情是否存在，所以大多数关系是由女人结束的。许多男人对承诺怀有恐惧感，但当一个男人最终跨过那条线对她说“爱”时，他甚至想告诉全世界的人。

男人为什么只想谈恋爱却害怕结婚?

在追求爱情的时候，男人像圣斗士一样百折不挠，而在爱情就要开花结果的时候，却又总是畏缩不前。其原因主要在于：

男性从小便被告诫要独立，要君子之交淡如水，他们不愿意将性格中脆弱的一面暴露给别人，即使是非常亲近的人，所以他们对于婚姻和亲密关系有种特别的恐惧和本能的抗拒。

很多男人高估了婚姻的束缚，担心婚后失去自己的独立空间。

即使很多恋人实际上已经处于事实婚姻的阶段，男人还是会认为一旦有了一纸婚书的约束，便会使自己不得不为了这份责任而放弃很多自由。

一些男人对于婚姻的负担估计过高，他们认为婚姻中的责任将使自己不得不为了生活质量的改善而增加过多的负担。此外，对性伴侣新鲜感的要求比较高也是原因之一。

为什么婚前是王子，婚后成了癞蛤蟆?

通过婚姻的洗礼后，女人常会感慨曾经的“王子”降级成了一只“癞蛤蟆”，男人则伤感那个昔日有着标致身材的美人变身成了大吃特吃的“肥婆”。为什么会出现这种现象呢？原因可能有几个方面：其一，人们确认已经赢得了伴侣的喜欢，失去了让自己迷人的动机；其二，天长日久，人们认为伴侣已经十分了解自己，如果自己仍然在伴侣面前“伪装”，对方会很容易拆穿自己的真面目，反而有些矫揉造作之态；其三，当紧密关系建立后，人们自觉地把伴侣视为“自己人”，所以宁愿展示出最原始的自己，比如当着伴侣的面放屁、挖鼻孔、用最恶俗的语言攻击隔壁的邻居。

虽然建立亲密关系是寻找“完美之我”的过程，在这个过程中，伴侣合而为一，似乎进入了不分你我的境界，但是尽管如此，人们还应该认清这样一个事实：你与伴侣始终是两个分开个体，你无法控制对方的心理、情绪以及行为，你无法保证伴侣对你的爱至死不渝，因此，即使已经建立了亲密关系，你仍然有必要做出积极的印象管理，不忘时时展示自己的魅力。很多男人之所以移情别恋，便是因为相对家中的黄脸婆，外面女人更加风情万种，对他们产生了较大的吸引力。

为什么男人的寿命与妻子美貌成反比?

很多人把嫉妒视为爱的象征，这样的想法在女人的意识里根深蒂固：如果自己与别的男人眉目传情，恋人却无动于衷，这便说明恋人并不是那么爱自己。因此，嫉妒被视为“双刃剑”——一方面是爱情的表达，一方面是偏执狂。不过，嫉妒并没有那么可爱，据数据显示，美国13%的谋杀案是配偶的一方杀死另一方。其中，嫉妒是主要的动机。

如果一个人感觉选择机会较少、自己并不是恋人心目中最理想的伴侣时，便容易对伴侣产生较强程度的嫉妒。同时，如果伴侣比另一方更有优势——如拥有较高的经济条件和较好的客貌，另一方也会有更严重的嫉妒倾向，担心被比自己优秀的第三者横刀夺爱。

不过，并不是所有的竞争者都会引发人们的嫉妒。对于男人而言，他们更嫉妒那些自信、有权势、有财富的男性，长相英俊的男人则不会引发他们较强程度的嫉妒；女人则相反，她们倾向于嫉妒那些比自己漂亮的女人，很少嫉妒自信和有权势的竞争者。总之，对女人来说最有威胁性的是外貌吸引力，男人的嫉妒点则被有权势的对手所激发。

据美国耶鲁大学对3000多位男人的研究，娶漂亮女人为妻子的男子，相对妻子不漂亮的男性来说，平均寿命要减少12年。研究人员解释说，娶个娇美的老婆会让男人产生很大的精神负担，他们常常疑神疑鬼，心绪不宁，有时甚至会妒火中烧，火冒三丈。这一现象说明了，嫉妒的负面影响远大于它的正面意义——虽然抱得美人归是一件让人自豪的事情，但是想想这一调查结果，在面对娶美女还是丑女人的问题时，还是三思而后行。

为什么出轨的丈夫会送礼物给妻子?

有的丈夫在外面做了背叛妻子的事后，为了寻求心理安慰，便会为妻子买上一份昂贵的礼物。当然，有的妻子也不是吃素的，当她收到礼物后，在高兴之余，还会质问一句：“快点坦白，到底做了什么对不起我的事了？”丈夫的行为与妻子的质疑并非空穴来风。在心理学领域，这属于仪式与抵消。

无论人有意或无意犯错，都会感到不安，尤其是当错误牵连到他人，令他人无辜受伤害和损失时，便会感到内疚和自责。倘若我们用象征式的事情和行动来尝试抵消已经发生的不愉快事件，以减轻心理上的罪恶感，这种方式，称为“仪式与抵消”。例如：一位有了外遇的丈夫，买轿车、送钻戒给妻子来消除心中的罪恶感，并且以这个行动来证明他是个尽责的丈夫；又如：一位工作繁忙无暇陪孩子的父亲，提供孩子最好的物质来消除心中愧疚感，并以这个行动来证明他是照顾孩子的。另外新年时节，打破东西会说“岁岁平安”也是一样，都是采用了“仪式与抵消”的防卫机制。

有些心理疾病，是由此机制的过度使用造成。有一个自卫不慎杀死人的中年妇人，患有强迫洗手症（每天洗手20多次，且每次洗手时间长达20多分钟，其手部皮肤近乎溃烂）。后经心理治疗，发现其强迫洗手症是来自她的不慎杀人所引发的罪恶感。她认为她的双手沾满血腥，是污秽肮脏的，因此，她无法控制自己不断想洗手的念头与行为（事实上她想洗去的是自己的内疚），她以洗手来减轻内心的罪恶感。

为什么有的人表白用 I love you？

在一些浪漫的场合，很多男人在向心仪的女子表白的时候，会深情款款地说出“I love you”，为什么男人都喜欢用“I love you”表达爱意呢？在传达情意方面，“我爱你”真的不敌“I love you”的杀伤力吗？如果用心理学知识解读的话，这是因为男人不自觉启用了“隔离”这种心理防御机制。

所谓“隔离”，是把部分的事实或情感分割于意识之外，不让自己感觉到，以免造成精神上的不愉快。人们采用隔离的行为进行心理防御时，最常被隔离的是与事实相关的感觉部分，比如人死掉后，人们不直接说“死掉”，而是委婉地说“仙逝”“长眠”“归天”，这种说法有助于个体减轻悲伤的程度，以致降低对死亡这一事实的不祥的感觉；有人把去厕所的说成“上一号”或者“去唱歌”，有助于消除关于去厕所的不雅想象；男人在表白的时候，弃“我爱你”而用“I love you”，是为了不使自己的示爱表现得那么肉麻，即使遭到拒绝，自己也不会感到十分难堪。

男人为什么将普通女友视为美女？

人们总是希望能够得到最美好的事物，享受到最理想状况下的境遇，但是现实并非总是匹配人们的理想。更常见的现象是，人们获得的事物与理想的标准相差甚远，这时，“理想化”这种心理防御机制便出现了，即个体对某些人或某些事物做了过高的评价，采用高估的态度去评价客体，结果导致个体将事实的真相扭曲和美化，以致个体的描述与评价完全脱离了现实。

比如，一个男人在与朋友交谈时，一直鼓吹要追求到身材火辣的女子，当男人恋爱后，他便常在朋友面前对自己的恋人赞不绝口，称赞自己的女友有着模特一般的身材，于是，男人的朋友鼓动他把自己的女友带出来，让大家一睹芳容。一天，男人果然把女友带到了朋友面前，朋友们大失所望，因为这个据说有着火辣身材的女子不过身材一般般，身材相貌根本就不能与模特相提并论。在这个过程中，男人就完全把自己的女友“理想化”了。

鲜花为什么偏偏插在牛粪上？

爱美之心人皆有之，为什么鲜花总是插在牛粪上？

经济学把人设定为是具备比较完备的理性者（即理性人），至少他能做到“下雨时要知道往屋里跑”。博弈论事实上是指在不同风险面前，理性人的选择常常是退而求其次，他的决策并不是最优的，但至少可以保证不是最坏的，因此，他愿意放弃可能获得的更大收益，选择风险较小的投资决策行为。

常识告诉我们，漂亮美眉（鲜花）的追求者常常为数不少。假定有两个，一个是“帅哥”（最优选择），一个是“牛粪”（次优选择），她在这两个追求者之间如何做出选择呢？她要考虑到，帅哥既然很帅，肯定也会有资质不错的女孩子在追求他，而“牛粪”可能没这么好的福气。

对于“牛粪”而言，他在追求鲜花的过程中只有两种收益，一种是零（失败），一种是无穷大（成功）。但对帅哥而言，他的收益则不一样，成功时收益是无穷大，但失败时则很可能为负。为什么这么说呢，因为他在追求这个美眉的时候，他必须暂时拒绝其他美眉对他的示爱（“脚踏两只船”也许是个例外）。如果这个帅哥失败了，意味着他同时失去了两个美眉，因此在失败的情况下，他的支付代价远远大于“牛粪”。

“牛粪”在追求鲜花的过程中，没有后顾之忧。在零和无穷大面前，他只有努力表现的理由，没有三心二意的理由，因为只要成功就意味着无穷大的收益。相反，“帅哥”就有后顾之忧。因为在他追求这个美眉的同时，还有别的美眉在追求他。如果在追求过程中迟迟得不到利好的回应，帅哥需要考虑：如果追不到，可能把另一个也给得罪了，弄得得不偿失。这种情况下，帅哥将做出次优选择：我不能确定我追的那个美眉到底爱不爱我，但我能确定追我的那个美眉是爱我的，如果我不能找到我所爱的人做妻子，那就找那个爱我的做妻子。

在求爱的多方博弈中，这种心态是很常见的。对于同时被帅哥和“牛粪”追求的美眉而言，她肯定也有一个基本的判断：“牛粪”更爱我。因此，在这种情况下，她也像帅哥那样心存遗憾地退而求其次，还是找一个爱我的人做老公吧。于是，鲜花就这样插在了牛粪上。

为什么得不到的才是最好的?

遗憾使人执着。没有得到的、没有完成的总会是最想得到的、最想完成的，在某种程度上，这就形成了心理学上的一种逆反效应：得不到的才是最好的。

美国一位老人在弥留之际，最希望的事是希望媒体能够帮他找到他的初恋情人，为此，他不惜花费所有积蓄。受此启发，现在很多地方都成立了帮孤独老人寻找初恋的收费机构，生意相当火爆。这种现象引起了人们的注意和反思，很多人在追问这种疯狂的现象值不值得的同时开始思考其心理背景。德国的完形心理学派对此的解释是，人总是在追求一种完整的人生图形，初恋因为不完整和未得到，所以成了人们拼命想要弥补的缺憾。

在爱情的选择中，人们被这种心理所支配。民间有一种说法“妻不如妾，妾不如偷，偷不如偷不着”，并非夫妻之间的感情不好，而是相比较于夫妻的合法婚姻关系来说，妾和偷的不易得和得不到使人更觉其可宝贵。所以善于把握爱情主动权的人，应学会如何在各种复杂的选择中，挑选出真正适合自己的另一半，而非仅仅受制于完形心理的支配，越是没得到和不易得到的越想尽办法得到。